U0165568

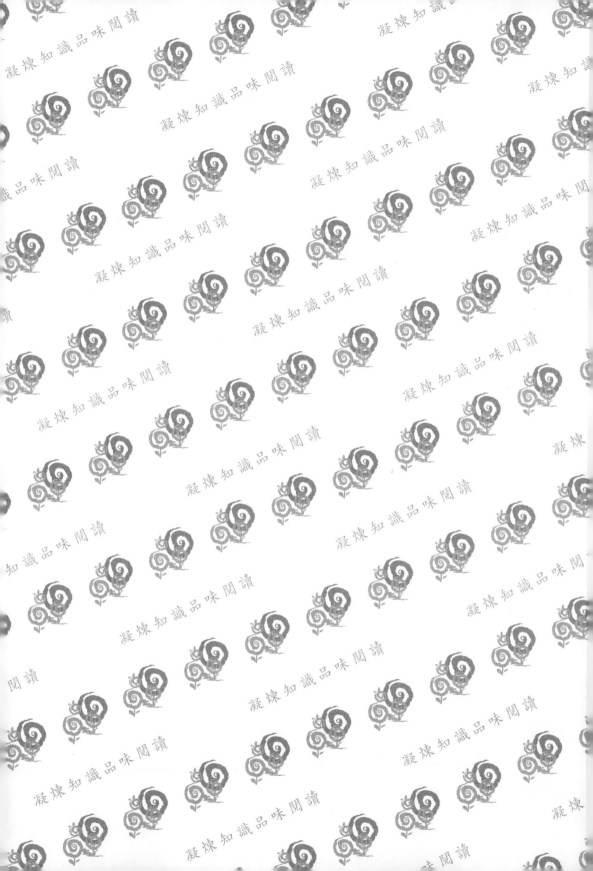

# 文字? 魔術師

## 文案寫作指導

撰寫文案是一門專業性的技術，有
方法可循，若熟知撰寫技巧，人人
都可成為文案高手，未來求職之路
將更寬廣。

汪淑珍、陳敬介、姜明翰
蔡娉婷、朱家偉　著

五南圖書出版公司 印行

序言

# 發揮中文強大軟實力
## 文案撰寫技巧

　　新學習時代的來臨，學生不再只是單純的知識接受者，老師也由知識傳導者，轉換為知識引導者；在課程中，教師必須培養學生發現問題、瞭解問題、解決問題的能力。而學校更不僅是知識傳播場，更是培養學生提問、探索、思辨的學習場。

　　無法引起學生學習動力的學習，其實是無效的學習。但如何讓學生的學習是「有效」的，那就是「學習」須與「生活」結合。唯有將學得的知識、技術實際應用於生活，其學習意義才能展現。

　　眾所週知，廣告是行銷的工具。今日是廣告行銷的年代，身為現代人不能不認識廣告，當然更應瞭解廣告的要角──「文案」的撰寫技法。廣告文案寫作，已被視為應用文學的一種。若能習得文案書寫技巧，藉此可有效行銷商品、建立品牌形象、成功宣傳訊息，為自己與企業帶來無限商機。此外，廣告文案的撰寫亦可培養思維力、觀察力、記憶力、聯想力、想像力與創造力。

　　撰寫文案是一門專業性的技術，有方法可習得，若熟知撰寫技巧，人人都可成為文案高手。迎接行銷時代，熟知文案撰寫技巧，未來求職之路將更寬廣。

　　一般平面廣告的篇幅，圖案占60～70%，大標題占10～15%，標語占5～10%，文案則低於20%。文案所占的份量不多，卻如此重要。今日商品如此眾多，如何讓觀者覺得觸動內心需求，激起購買欲望，商品包裝文案是關鍵；每日活動如此多樣，如何讓觀者覺得有趣味，想參與，活動企劃名稱是樞紐。在網路傳播無遠弗屆的現代，文字更是形塑品牌的利器。開啓網頁，訊息如此繁多，如何吸引觀者的第一眼，讓其想點入觀看內

容，標題是重點。因此，學好撰寫具吸引力的文案，是成功的契機。

　　中文系的學生有比他人更深厚的文學基底，但這些文學涵養如何發揮在實際生活中，則須懂得技巧、方法，即文案的寫作技術。靜宜大學中文系不僅傳授學生中文方面的學術專業，更開授多門實用性的課程，其中一門即是「文案寫作」。靜宜大學中文系希望學中文的同學不僅能積澱深厚的文學底蘊，更能習得中文的實用技巧，為自己培植多方能力，未來在就業市場擁有比他人更豐厚的就業資本；非中文系領域的學生或一般大眾，亦需認識廣告文案寫作的技巧，對於個人專業領域的行銷或商業包裝也有加乘的效果。

　　基於想為學生們編寫一門「文案寫作」技巧傳授的入門書，作為課堂使用，我們集合了多位不同學校的教師，以深入淺出的方式共同撰寫此書，希望提供給對文案寫作有興趣的人（不限於中文系的學生）做為學習文案寫作的捷徑。

## 編輯凡例

1. 本書乃適用於大學院校中文系、通識課程，亦適合對文案寫作有興趣之民眾作為學習文案寫作、補充文學素養之媒介。

2. 廣告媒體有平面、立體、動態等樣貌，本書規劃七大單元，包含了⑴書籍類標題文案、⑵DM文案、⑶招牌文案、⑷電子媒體文案、⑸商品包裝文案、⑹活動企劃文案、⑺網路文案。

3. 體例上，每單元皆規劃五個項目：壹、定義：對該形式文案進行定義說明。貳、撰寫方式：分析目前一般的撰寫方式。參、寫作技巧：提供撰寫的技巧，以便學習觀摩。肆、範例解說：以實際案例進行解說，增加瞭解。伍、習題：在每單元最後，提供練習題。藉此，讓讀者實際進行問題的解答，也培養解決問題的能力。

　　本書如有疏漏之處，尚祈先進惠予指正。

汪淑珍

謹識於靜宜大學中文系　2015年10月

# 目 次

第一章
# 書籍類標題文案 　陳敬介

## 壹、定義

　　**出版物（出版、出版品）**：指以傳播文化和知識為目的的各種產品，包括印刷品、電子產品的總稱，屬於傳播文化知識的媒體。分為書籍、期刊、報紙和電子傳播產品（電子出版物）等種類，分述如下：

### 一、書籍類

　　傳統意義上指傳播各種知識為主的出版物，通常為紙張合訂的印刷品；現代意義包括電子書籍。

### 二、刊物類

　　常為書籍以外的出版物，分為定期和不定期發行刊物，有的刊物屬於書籍的範疇，如雜誌。包括報紙、雜誌、專刊、電子刊物（含各種電子專輯，如音樂專輯）等。根據其發行對象（受眾）來劃分，分為內部刊物和公開發行兩種。

### 三、期刊類

　　屬於定期發行的刊物。如週刊、月刊、季刊及年刊等。

### 四、書刊類

　　為圖書和刊物的合稱。

## 五、電子出版物

　　包括磁帶、唱片、VCD、DVD、光碟、電子書籍、電子辭典等，廣義上還包括影視作品的電子拷貝。

　　本文所探討的對象主要是「書籍類」，然就主題「標題文案」的寫作技巧而言，各類型出版品在標題與文案的寫作技巧與方式上，均有其異曲同工之處，故雖統而論之，讀者亦可自我掌握重點，求其會通並靈活運用。

　　就書籍類的標題而言，即書籍的命名。書名的重要性除了揭示一書的內容要點之外，透過適當的技巧運用，往往能達到引人注目並影響銷售量的效果。當然，若是專業性或有特定閱讀需求的書籍，其書名往往只求切題，即使毫無新奇感，也不影響其銷售情形。但即使如此，出版社或書商對於書籍的命名仍視為關鍵性的重點。例如《吸金廣告》一書所言：「郵購專家霍爾德曼・尤利烏斯精於此道。在二十世紀二三十年代，它的圖書銷售量達到二億冊，並使用了近二千個不同的書名。它們都是些很簡單的小書，每本書的售價都是五美分。為了宣傳他的書，他在每本書的書名旁都加了廣告。如果某本書銷量不好，他就會更換一則廣告，但不是你想像的那種方式。實際上，他連那些書名都換了！」[1]該書並舉出五本書名調整前後的銷售量對照表：

| 舊書名 | 年銷量 | 新書名 | 年銷量 |
|---|---|---|---|
| 《十點鐘》 | 2000 | 《藝術對你意味著什麼》 | 9000 |
| 《金羊毛》 | 5000 | 《追求金髮情人》 | 50000 |
| 《矛盾的藝術》 | 0 | 《怎樣合乎邏輯的辯論》 | 30000 |
| 《卡薩諾瓦情史》 | 8000 | 《千古第一情人──卡薩諾瓦》 | 22000 |
| 《格言警句》 | 2000 | 《人生之謎的真相》 | 9000 |

---

1　〔美〕德魯・埃里克・惠特曼，《吸金廣告──史上最賺錢的文案寫作手冊》（江蘇：江蘇人民出版社，2014年），頁5~6。

　　這份約九十年前的書單銷售對照表，揭示了一個重點：書名對銷售量的決定性影響！雖然從現代的觀點看，修改後的書名似乎仍不具太大的吸引力，但也令我們更深切地感受到，時至出版品及資訊流通爆炸的今日，要創造出一個極具吸引力的書名，實在是一項高難度的挑戰。

## 貳、撰寫方式

　　書籍的文案寫作，一般是由作者、主編討論確定。包含兩個部分：一是書名，可視為廣告文案的標題（Headline）；二是內容簡介或簡稱書介，可視為廣告文案的正文（Body Copy）。

　　知名的文學作家對於自己的心血結晶，往往心有定見，編輯可置喙之處不多；非文學性作者，如財金、證券、醫學、美容、養生、工業等涉及專業知識的作者，則會比較謙遜地聽聽主編的專業意見。筆者以往在出版公司任職時，即視出版品書名的討論，為編輯部門的重要業務，主編或執行編輯都要提出若干建議書名，於熱烈討論之後再行定案。大衛・奧格威（David Mackenzie Ogilvy, 1911～1999）認為：

> 標題是大多數平面廣告最重要的部分。它是決定讀者是不是讀正文的關鍵。[2]

就書籍的文案寫作而言，標題就是書名（含副標題）。從商品的展示而言，書籍的展示分兩個階段：第一個階段是新書上市階段，一般會是在新書的展示平台，讀者可以看見封面全部，書名當然是焦點所在；新書促銷階段之後，則會置放於立面書櫃，這時讀者能看

---

2　〔美〕大衛・奧格威（David Ogilvy），《一個廣告人的告白》（北京：中信出版社，2008年），頁131。

到的只是書背，書背能表現的內容只有「書名」、「作者」、「出版社」。因此，從展示的角度看，書籍的命名似乎比一般平面廣告更為重要。

圖一　一般書籍的封面完稿，由右至左依序為：封面摺口、封面、書背、封底、封底摺口

　大衛・奧格威又談到：

> 讀標題的人平均為讀正文的人的五倍。……廣告換一換標題，十中有九會產生不同的銷售結果。我每次為一則廣告寫的標題都不下十六個，而且我寫標題是遵循一定原則的。[3]

這個說法正可與前引郵購專家霍爾德曼・尤利烏斯的例子互證，更可知廣告教皇對於寫一則廣告標題是多麼慎重其事，又是多麼樂於自我挑戰。

---

3　〔美〕大衛・奧格威，《一個廣告人的告白》，頁131。

　　至於書介的部分，一般由主編或執行編輯撰擬，文長約二百至三百字之間。專業的編輯，在編輯過程中，已能明確地掌握該書的內容重點，憑藉其職能的嗅覺及市場的銷售考量，自然能奮其藻思，突顯該書的特點，因此與評論文字有巨大的差別。綜合而論，書名及書介文案的撰寫與完成，必須兼顧及考量作者意見、書籍內容、美術編輯的圖像發揮與讀者的接受反應四者，書刊編輯在撰寫文案時，需注意其密切的關係。

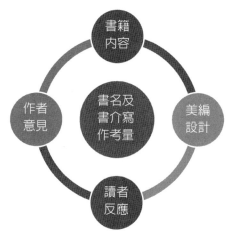

圖二　書籍類文案寫作考量關係圖

## 一、聚焦書籍內容

　　不論是書名或書介的寫作，其考量的首要重點當然是書籍內容及其旨趣所在，畢竟書籍本身即為商品，與一般品牌命名不同，一個品牌之下可以延伸許多商品，品牌本身與其商品內容未必有直接關聯，如摩斯漢堡向來以「米漢堡」的發明者聞名，是一種結合日本傳統飯糰食品與西式漢堡概念而成，以白米壓製成的餅皮取代麵包來製作漢堡的混種食物，漢堡裡的內餡也大都採用傳統日本料理的菜色，如日式燒肉、炒牛蒡等。而摩斯漢堡之「MOS」，原為

櫻田慧之前創立的公司英文名稱Merchandising Organizing System
的縮寫，為「銷售組織體系」之意。後來演變為Mountain「像高山
一樣，氣勢雄偉」、Ocean「像海洋一樣，心胸寬闊」、Sun「擁
有像太陽一般燒不盡的熱情」，成為企業的精神象徵。然而，書籍
的命名顯然不宜如此，而必須切合書籍內容，以免有掛羊頭賣狗肉
之嫌。

## 二、配合實際需求

## ㈠封面設計

圖三　《寶石101問，我的第一本珠寶書》，陸啓萍，杜雨潔著，五南圖書出版

　　　書介文案在封面上運用時，書介的文字過長，無法或不宜
全部呈現時，往往會更精煉地揀擇，為免與原封面設計產生干

擾，大都會以書衣或書腰的方式呈現，如圖三所示。

## ㈡新書基本資料與網路書店的書介

　　一本新書在正式面市之前，出版單位必須填妥「書籍基本資料表」（如表一），以提供總經銷調查各門市實體書店及網路書店的訂書量；一般而言，此份資料表的撰寫者是編輯，這份書介內容將掀開進入市場之前的那片帷幕，而那片帷幕的管理者是門市的經理或選書人員，他們決定此書第一波進入市場上架的位置、數量及方式。而這份書介文字，也大多數為門市或網路管理人員所採納，成為未來書籍在市場流通時的行銷廣告文案。想想這樣的功能，坐在電腦桌前的編輯，在撰寫書介時豈可隨意為之？！

　　至於網路書店的書介大致分為：內容簡介、作者、詳細資料等，內容簡介當然是引導讀者是否購買該書的重要指標，如《十九歲的世界，旅行》一書在金石堂網路書店的內容簡介如下：

> 十九歲的小女生，陳靜君，在就讀政治大學英語系一年後，毅然辦理休學，隻身前往澳洲農場打工半年，便開始為期一年多的世界旅遊，本書是她的旅遊報告、心得與生命紀錄。這是一個平凡女生的不平凡旅行書寫，平常女生的不平常生命旅程。

一百零八字的內容，將作者的身分及寫作背景做一簡介，也算四平八穩。「這是一個平凡女生的不平凡旅行書寫，平常女生的不平常生命旅程。」則是引自封面書帶，有些廣告修辭的味道。至於《2016著時生活曆》的基本資料書寫頗為到位，二百八十五字的內容豐富詳實，「保留傳統文化精髓，充實現

代生活內容；符應台灣日常所需，兼顧歷史傳承價值」四句，顯示撰寫者有一定的文學技巧，在網路廣告文案中應該會被放置於較顯眼突出的位置，並以特殊字體表現。

## 表一　書籍基本資料表範例

### 書籍基本資料表

有*記號欄為必填　　　　　　　　　　　　　　　　　　　　新書等級☆☆☆☆☆

| *書　　名 | 2016著時生活曆 | |
|---|---|---|
| *系列名稱 | 無 |  |
| *定　　價 | 300 | |
| *作　　者 | 台灣展創事業編輯部 | |
| *EAN碼 | 978-986-89531-6-1 | |
| *ISBN碼 | 978-986-89531-6-1 | |
| *CIP | 411.1 | |
| *出版社 | 讀冊文化 | |
| *出版日期 | 2015.11 | |
| 書　　號 | 此為成信建檔序號 | |
| *開　　數 | A5 | |
| *頁　　數 | 192 | |
| *包　　裝 | □平裝□軟精裝□精裝 | |
| *產品別 | □書籍□書+CD□書+DVD | |
| 建議主分類 | | |

*內容簡介：（商品特色、適用對象……等）

著時，既是指當季自然生長熟成的食材，
也代表感時應物，與身處的台灣寶島共同生息的生活美學。
《2016著時生活曆》內含：
‧二十四節氣物產插畫，跟著節氣「吃著時」

- ‧節氣養生食俗、諺語，讓您健康安心過生活
- ‧符合現代生活的每日宜忌，擇日用事一翻即知
- ‧台灣原住民十六族代表慶典，邀您探訪部落文化
- ‧台灣各地慶典與民俗活動，文化旅遊一覽無遺
- ‧六篇著時生活專文，深入淺出暢談風土知識
- ‧台灣飲食生活老照片，回味昔日生活風景
- ‧山林與海中野菜圖文，認識台灣山海時蔬
- ‧當代食物相剋圖，食材混搭不失誤

保留傳統文化精髓，充實現代生活內容
符應台灣日常所需，兼顧歷史傳承價值

既是實用生活日誌，也是台灣文化生活寶書

*作者簡介：

台灣展創事業

因著熱情與意願，我們投身進入生長的環境，努力匯聚眾人的力量，將生活豐富多元的要素，透過想像與創意，轉化為各種務實的具體行動，造就活絡地方產業的合作經濟，創造社會環境的價值善循環，個人的生命意義也在其中發光、發熱。

## ㈢申請ISBN及CIP所需填寫的資料表

　　國際標準書號（International Standard Book Number，簡稱 ISBN），是因應圖書出版、管理需要，並便於國際間出版品的交流與統計所發展的一套國際統一的編號制度，由一組冠有「ISBN」代號的十位數碼所組成，用以識別出版品所屬國別地區（語言）、出版機構、書名、版本及裝訂方式。這組號碼也可以說是圖書的代表號碼。2007年起ISBN由十碼改為十三碼。整合於EAN全球商品碼中。ISBN功用對出版業而言，除有助於圖書出版、發行、經銷、統計與庫存控制等管理作業外，更便於出版品的國際交流；對圖書館等資料單位而言，ISBN可簡化採購、徵集、編目、流通、館際互借等作業。

　　世界各地的出版社、書商、經銷商及圖書館可以從ISBN號

碼，迅速有效地識別某書的版本及不同裝訂形式，不論原書以何種文字書寫，都可利用ISBN以電話傳真或線上訂購，並藉電腦作業處理，節省人力時間，提高工作效率，故各國參加國際標準書號制度的出版機構一直持續地增加。ISBN結構如下：

商品類型碼 — 群體識別號 — 出版者識別號 — 書名識別號 — 檢查號
　978　　 —　　957　　 —　　-678　　 —　　-000　　 —　　-4

出版品預行編目（Cataloging in Publication，簡稱CIP）就是出版者在新書出版前，將毛裝本（清樣本）或正文前的書名頁、版權頁、目次、序、摘要等相關資料，先送到國家圖書館（或負責辦理CIP業務之圖書館）予以編目，並於該新書內某一固定位置上印出CIP書目資料的一項措施。它的功能大致可分以下三項：

1. **適於電腦管理作業**
   圖書經過預行編目，書目資料較符合標準化、規格化，加以圖書館專業人員製作的主題分析與分類號碼，這些數據藉由電腦系統的處理，必能發揮圖書管理、庫存、銷售、統計等功效。

2. **提高圖書銷售量**
   消費者經由CIP新書預告，易於掌握最新出版訊息，必能提高出版品的銷售量；**圖書館採購人員從CIP的分類號與主題分析**，對即將出版的新書有概括的瞭解與認識，也能提高該出版品的銷售量。

3. **提升國際市場的發行潛力**
   出版品預行編目作業自1970年代正式展開以來，即一直受到世界各先進國家的青睞，因標準化的新書資訊透過網際網路的傳播，能快速地進入國際市場，使出版者較易瞭解市場動

態，掌握出版趨勢，進而規劃編輯目標，提升發行品質。另一方面出版者若積極參與CIP作業，必能作為拓展市場的基礎。

4. **對一般讀者而言**

幫助讀者迅速瞭解該書主題內容，促進書目資料標準性，使讀者便於查詢。

申請單為國家圖書館制定之統一規格，詳如下表：

**中華民國國際標準書號中心**
**國際標準書號／出版品預行編目申請單**

填表日期：　　　年　　月　　日

申請單位：申請單位、地址、電話、傳真、電子郵件如有異動，請通知本中心
　全　名：＿＿＿＿＿＿＿＿＿＿＿＿＿＿＿＿＿＿＿＿＿＿＿＿
　地　址：＿＿＿＿＿＿＿＿＿＿＿＿＿＿＿＿＿＿＿＿＿＿＿＿
　填表人：＿＿＿＿＿＿＿＿　電話：（　）＿＿＿＿　分機＿＿
◎電子郵件：＿＿＿＿＿＿＿＿＿＿　傳真：（　）＿＿＿＿
◎回覆方式請擇一勾選：□傳真　□電子郵件　□郵寄　□網路取件　□臨櫃取件

1. 出版者名稱（書名頁或版權頁上）
　＿＿＿＿＿＿＿＿＿＿＿＿＿＿＿＿＿＿＿＿＿＿＿＿＿＿

2. 書名及副書名（書名頁或版權頁上）
　＿＿＿＿＿＿＿＿＿＿＿＿＿＿＿＿＿＿＿＿＿＿＿＿＿＿

3. 著者及合著者（書名頁或版權頁上，請依序填寫）
　＿＿＿＿＿＿＿＿＿＿＿＿＿＿＿＿＿＿＿＿＿＿＿＿＿＿

4. 版次（重印本請加註刷次）＿＿＿＿＿＿

5. 出版時間：＿＿＿＿年＿＿＿＿月（依版權頁填寫）

6. 本書申請：□單行本號碼，頁數：＿＿＿＿頁。
　　　　　　□只申請套號，冊數：＿＿＿冊；套書名稱：＿＿＿
　　　　　　□申請套號及單行本號碼，套書名稱：＿＿＿
　　　　　　預計出版＿＿＿＿冊，此為第＿＿＿至＿＿＿冊。
　　　　　　一套價格：NT$＿＿＿＿（各冊價格、頁數請依序分冊填寫）
　　　　　　第＿＿＿冊，價格：NT$＿＿＿，頁數：＿＿＿頁

7. 本書規格：＿＿＿開本：＿＿＿公分×＿＿＿公分（高×廣）

8.本書裝訂方式：□精裝，價格＿＿＿＿＿　□平裝，價格＿＿＿＿＿

□其他裝訂（如：線裝、經摺裝等）＿＿＿＿＿，價格＿＿＿＿＿

□附件（如：附DVD、CD等）＿＿＿＿＿＿＿＿＿＿＿＿＿＿＿

9.本書作品語文：（必填／單選）

　□正體中文　□簡體中文　□英文　□日文　□韓文　□德文　□法文

　□其他（請說明）：＿＿＿＿＿＿＿＿＿＿＿＿＿＿＿＿＿＿＿＿

10.本書適讀對象：（必填／單選）

　□成人（一般）□成人（學術）□青少年 □兒童（6～12歲）□學齡前兒童

11.本書常用圖書類別：（必填／單選）

　□文學　□小說　□語言　□字典工具書　□教科書　□考試用書　□漫畫書

　□心理勵志　□科學與技術　□醫學家政　□商業與管理　□社會科學

　□人文史地　□兒童讀物　□藝術　□休閒旅遊　□其他

12.圖書分級：（必填／單選）　　□普遍級　□限制級

　※依「兒童及少年福利與權益保障法」第44條規定，出版者應對出版品進行分

　　級。

13.本書若為翻譯作品：（以下必填）

　(1)原書書名：

　＿＿＿＿＿＿＿＿＿＿＿＿＿＿＿＿＿＿＿＿＿＿＿＿＿＿＿＿＿＿＿

　(2)原書語文：□英文　□日文　□韓文　□德文　□法文　□簡體中文

　　　　　　　□其他（請說明）：＿＿＿＿＿＿＿＿＿＿＿＿＿＿＿＿

　(3)原書國別：□美國　□英國　□日本　□韓國　□中國大陸

　　　　　　　□其他（請說明）：＿＿＿＿＿＿＿＿＿＿＿＿＿＿＿＿

14.是否申請出版品預行編目（CIP）□是 □否（若填否，以下免填）

　※出版品屬下述範圍者，不須申請出版品預行編目，以下免填

　中小學教科書、考試題庫、外文書、連環漫畫書、樂譜、單張地圖、盲人點字

　書、寫真集、未滿50頁圖書、圖書以外的其他媒體資料。

　※如須申請出版品預行編目（CIP），請填下列資料

15.本書屬於某叢書　□否　□是，叢書名＿＿＿＿＿＿＿＿＿＿＿ 叢書號

16.主題簡述（一、為中國小說請註明長、短篇；二、為翻譯小說請註明作者國籍）

＿＿＿＿＿＿＿＿＿＿＿＿＿＿＿＿＿＿＿＿＿＿＿＿＿＿＿＿＿＿＿＿＿

＿＿＿＿＿＿＿＿＿＿＿＿＿＿＿＿＿＿＿＿＿＿＿＿＿＿＿＿＿＿＿＿＿

＿＿＿＿＿＿＿＿＿＿＿＿＿＿＿＿＿＿＿＿＿＿＿＿＿＿＿＿＿＿＿＿＿

17.建議主題詞／關鍵詞

18.建議分類號碼

## 參、寫作技巧

　　大衛・奧格威在〈怎樣寫有效的文案〉中提到他撰寫文案的幾點看法，其中有幾項與書籍類較有關聯，筆者節引敘述如下：

　　一、不要旁敲側擊，要直截了當。避免那些「差不多」、「也可以」等含糊其詞的語言。二、不要用最高級形容詞、一般化字眼和陳腔濫調。要有所指，而且要實事求是。要熱忱、友善並且使人難以忘懷。別惹人厭煩。講事實，但是要把事實講得引人入勝。三、你應該常在你的文案中使用用戶的經驗之談。四、我從未欣賞過文學派的廣告。五、避免唱高調。自吹自擂、自炫都應避免，但完美和操行卻應光大發揚。六、除非有特別的原因要在廣告裡使用嚴肅、莊重的字，通常應該使用顧客在日常交談中用的通俗語言寫文案。七、優秀的文案撰稿人從不會從文字娛樂讀者的角度去寫廣告文案。[4]

　　相信大多數的讀者對這樣的看法會感到意外──太平常了！文案寫作者，應該會期盼廣告教皇能提出類似一語中的、無庸置疑的詔令，讓寫作者有依循的標準；如果你這樣想，那你應該不大適合「文案寫作」這個職務。然而，我們仍可就其所言加以整合，衡酌時空背景與文案閱讀者、產品內容的差異，提出以下幾點經驗談：

1. 掌握作者及書籍特質，理解讀者的品味與喜好：
   書籍是一種商品，具有高度知識性與文化性的商品。從品牌行銷的觀點看，作者才是品牌價值的核心，而非出版書籍的公司；故而讀者除了因為對內容有興趣之外，更大的

---

4　〔美〕大衛・奧格威，《一個廣告人的告白》，頁135～141。

消費動力是來自「粉絲心理」。因此，對於此類具有粉絲基本盤的作者及出版品，文案的寫作自然要充分考量作者特質、書籍內容與讀者的接受反應。

2. 言簡意賅，埋伏關鍵詞：

誠如大衛・奧格威所言，直截了當、講事實、使用通俗語言寫作文案，均為書籍文案的重要圭臬。至於關鍵詞的埋伏設計，則有助於讀者的搜尋，當然也有助於曝光與行銷。

3. 運用修辭技巧，創造新奇感：

修辭技巧繁多，較常運用於書籍標題文案的修辭法，如譬喻、雙關、誇飾、象徵、設問等，用於書介的除上述方法之外，也常見引用、仿諷、對偶、排比等，運用之妙，存乎一心，並無規則可言。

## 肆、範例解說

1. 《當和食統治全世界：日本料理躋身美食世界文化遺產的幕後祕密》

作者：辻芳樹

酪梨壽司為何成為日本料理進攻美國飲食市場的大功臣？壽司搭配白酒，還能算是日本料理嗎？NOBU讓日本料理登上世界舞台的成功準則為何？一風堂如何讓客人只為了一碗拉麵而在店裡待上兩小時？

這個書名，分成兩個部分：主標題（即書名）為「當和食統治全世界」，明顯有誇飾意味，「幕後祕密」一句，引起懸想，有吸引讀者拿起書本瞧一瞧的效果。就關鍵詞的設計而言，「和食」、「日本料理」、「美食」、「世界文化遺產」、「幕後祕密」，都

是熱門的搜尋詞彙。至於它的書介內容，呼應著和食與祕密，連續使用設問的修辭技巧，可謂相當成功的文案寫作。

2.《深夜的私嚐時光：找尋舌尖療癒與埋藏味蕾的記憶片刻，35間台灣&世界各地夜間食堂×12道暖心料理輕鬆上桌》
作者：楊子慧 Jenna Yang
夜行者的覓食地圖、夜貓族的宵夜美學——走吧！赴一場深夜美食盛宴！身為旅遊雜誌採訪記者的作者，匯集多年採訪美食餐廳與旅遊各地的經驗，為讀者真心推薦：25間台灣北中南美味宵夜好去處。

深夜食堂與美食地圖的概念混搭。「私嚐時光」一語有些微的煉句搞怪痕跡，但仍不落俗套。副標「找尋舌尖療癒與埋藏味蕾的記憶片刻」就顯得繞口與冗贅，而「35間台灣&世界各地夜間食堂×12道暖心料理輕鬆上桌」更是落落長，改為「35間隱藏版夜間食堂×12道暖心料理」，應該更為簡要明白。

3.《一人食：一個人也要好好吃飯》
作者：張愛球、蔡雅妮
多，不一定好；一個人，不見得孤獨不孤獨的食物美學X探索與食物相關的生活方式solo，but not alone在這個人際緊密的社會，適時讓自己從日常瑣事裡抽離，是一種需求，更是一種必要。

「一人食」，簡潔有力。「一個人也要好好吃飯」，日常用語，有直截了當的快感。靈活運用不同的語言，傳達某種獨身主義的生活美學，能吸引特定的閱讀群眾。

4.《壞農業：廉價肉品背後的恐怖真相》

作者：菲利普·林伯里、伊莎貝爾·歐克夏

當真正的農業死掉了，我們都會一起跟著死掉！費時三年，走訪美國、歐洲、中國、台灣、祕魯、阿根廷，揭露錯誤的農業是如何犧牲無助、弱勢的農民，以及被蒙在鼓裡的消費大眾的健康！

特殊的視角，「壞農業」，有些驚世駭俗，卻能聚焦讀者的眼光。當廉價與恐怖結合時，引起的聯想便是黑心。從負面的、警鐘式的呼告修辭入手，也算成功的恐懼行銷語言。

5.《解憂雜貨店》

作者：東野圭吾

如果有一個地方，可以解決我們所有的煩惱……

東野圭吾最令人感動落淚的作品！結局更出人意表！

榮獲「中央公論文藝賞」、達文西雜誌2012「Book of The Year」第3名！

日本熱銷突破30萬冊！亞馬遜書店讀者★★★★（四顆星）一致好評！已改編成舞台劇！

這裡不只賣日常生活用品，

還提供消煩解憂的諮詢。

困惑不安的你，糾結不已的你，

歡迎來信討論心中的問題。

矛盾詞的創造，「解憂」、「雜貨店」是意義不相連結的詞彙，將之巧妙地組合，暗示其中必有令人意想不到的故事情節。書介部分，訴諸權威與公信力，也能有一定的說服力。

富蘭克林·羅斯福總統曾經說：

如果我能重新生活，任我挑選職業，我想我會進廣告
界。若不是有廣告來傳播高水平的知識，過去半個世紀
各階層人民現代文明水平普遍提高是不可能的。[5]

羅斯福總統算誠實的，畢竟文案寫作總是在「據實呈現」與
「誇大渲染」兩端徘徊游動，這和政治活動的特質其實還真有些相
似呢！

## 伍、習題

### 1. 為一本談台灣鄉野傳奇、魔怪的書籍設計方案。

提示：你小時候，或者你家長輩曾經被「魔神仔」牽走過嗎？

高山上唯一一條路前方，走得異常快的「黃色斗篷山友」，可
不可以跟著走？

曾聽過有人在鄉下被一隻呲牙裂嘴的「大黑狗」追趕？

### 2. 請按「書籍基本資料表」撰寫繪本書籍的文案。

提示：繪本寫的不只是孩童的故事與想像，繪本寫的是人類共
通的情感與渴望，人的幽默、喜悅；孤獨、離別；愛與生死。因為
繪本，大人走進孩童的世界，也與心裡的自己相遇！

### 3. 企劃一本全新的《小王子The Little Prince》，為他重新命名或混搭，並撰寫150字左右文案。

提示：全世界暢銷僅次於聖經的經典文學，從1943年出版開
始，翻譯成至少二百五十種語言版本，曾被選為二十世紀法國最佳
圖書，但是，你絕對沒有這樣讀過小王子！

---

5　（美）大衛・奧格威，《一個廣告人的告白》，頁197。

# 第二章
# DM文案

汪淑珍

## 壹、定義

　　DM（Direct直接Mail郵遞Advertising廣告活動），DM的術語源自美國。「廣告者將印刷物或手繪廣告單，直接郵寄或分送給特定層面的人，藉以達到推銷、宣傳之目的，稱為DM。」[1]凡將訊息以郵寄或投遞方式傳達者，皆可稱為DM廣告。「DM的優點有：簡便，預算低廉，能依照本公司製作內容、形式，能選擇顧客，富有彈性，不和其他同業有正面的競爭。」[2]DM與其他廣告媒體不同處在於其乃是以人為對象的指名廣告。

　　DM以招攬顧客為目的，因此多以顧客動機為訴求重點，然而，有時店家也會以自己動機為訴求點，如擴大營業、創業週年活動、分店開幕活動、配合季節、特殊事項舉行之活動及新作發表會等。

　　DM的功能為：一、促銷產品二、新產品發表三、傳達活動訊息四、資訊傳送五、以對方動機為訴求。如生日、升遷、畢業季、新身分（當了爸爸，當了爺爺）。

　　DM整體設計上，可設計為兼具功能性形式，如書籤、摺扇、明信片、卡片或精美可愛，讓人想蒐集的形式，亦可富於收藏價值情報如年曆、折價券等。

　　DM依外型可分：傳單型與冊子型。傳單型依其篇幅多寡可分為：

---

[1]　李澤岳，〈何謂DM〉，《DM的設計與應用》（台北：國家出版社，2002年），頁12。
[2]　游玉如，〈序〉，《高效率DM攻略寶典》（台北：漢湘文化事業公司，1997年），頁5。

　　「一頁型」：此類DM多用於新店家開幕、活動促銷、活動公告、訊息通知。此種DM因篇幅小，多在一張單面紙篇幅內完成，內容除標題與顧客利益放上外，加上時間、地點、店名、販賣種類、簡易地圖。此類型亦可轉化為「明信片型」、「信封型」。

　　「精簡型」：此類DM篇幅較多，多用於商品銷售與活動推廣，此類DM除時間、地點、推廣活動、地圖外，更須加上標語、標題、正文並增加許多圖片，達到圖文並茂以吸引客戶。此類型亦可利用摺疊方式的不同，產生多變化的設計形式。

　　「商品目錄型」：此類DM多用於量販店。DM版面較大，呈現眾多種類商品，重點為商品相關訊息與優惠價格，此類DM文字簡單，促銷感強烈，以商品及價格為號召，文案較無發揮之空間。然而，顧客在此種DM上，可享受紙上購物的樂趣。

　　「冊子型」：此類DM在內容、編排、製作上較嚴謹。常用於購買金額較大的商品，如房地產、汽車、大型公司簡介等。內容以嚴謹文字、精美印刷為特色，詳細的文案內容，包括標題、副標題、引導文、正文等。

一頁型

資料來源：編者拍攝　　　　　　　　資料來源：編者拍攝

資料來源：編者拍攝

## 精簡型

資料來源：編者拍攝

資料來源：編者拍攝

資料來源：編者拍攝

## 商品目錄型

資料來源：編者拍攝

資料來源：編者拍攝

資料來源：編者拍攝

# 冊子型

冊子型封面
資料來源：編者拍攝

冊子型內頁
資料來源：編者拍攝

冊子型封面
資料來源：編者拍攝

冊子型內頁
資料來源：編者拍攝

# 貳、撰寫方式

　　DM文案訴求方式是直接、客戶利益明顯，廣告味濃厚，並不強調建立企業品牌與知名度。希望達到消費者立即心動、馬上行動

之目的。

　　屬銷售文案之一的DM，撰寫架構並無一定的項目與順序，隨時可依策略不同而進行調整。但基本上應具備之項目為商品名稱、標題與主文案內容。傳達內容有：一、商品二、服務（What？）三、目的（Why？）四、地區（Where？）五、對象（Who？）六、時間（When？）七、費用（How Much？）。DM文案須在有限的文字空間內，達到意義上充分傳達。

　　廣告效果有50～70%來自標題影響。廣告文案須透過標題吸引消費者的注意，誘使消費者對廣告內容產生興趣，導引消費者閱讀廣告正文，從而接受廣告訴求。在DM文案撰寫過程，可利用觸發性字眼──免費、贈送、減價、宣布、嶄新、機會、保證、服務、喜愛、節省、價值、額外，讓讀者接受文案訴求，產生行動。

　　DM文案之撰寫方式多元，本單元將以廣告心理：AIDCA法則進行撰寫手法說明。AIDCA是取Attention（注意）→Interest（興趣）→Desire（渴望）→Conviction（信心）→Action（行動）的第一個字母而成的，主要是顯示消費者心理的動態過程。

　　DM文案段落間，盡量以合乎邏輯的方式前後銜接，或依照重要性逐條例出銷售賣點，亦可先用數字當項目數字編號。若無邏輯性亦無重要性，則可用星號圖示或以小標題展開。句子最好長短相間，文案才會產生韻律般流動。偶爾也可將「一句話」當成一段，以改變文案的節奏。要多多運用副標及小標來加強文案。不要使用抽象語言，必須採任何人都能瞭解的語言表述，做形象的描寫表現，產生畫面文字。可參循「何時、何地、何人、做何事、為何」等原則。

## 參、寫作技巧

　　一則最完善的銷售DM文案，應具備商品名稱、標語、標題、副標題、引導文、正文、結語，以下將依此，逐一解說寫作技巧

（商品名稱在本書其他章節有說明，故此處不再贅述）。AIDCA
法則架構即是以標題吸引消費者注意，而後以有利的開場白引起顧
客的興趣，再以說明消費者利益的文案激發其慾望，最後以催促行
動的結語與廣告整體的衝擊力，促使消費者採取購買行動。

## 一、標語

　　標語（也就是英文所說的slogan）亦有人稱之為「定位語」。
標語是一個品牌如影隨形的記憶，是品牌的標記，更是品牌或產品
的主張、精神、特色、承諾、訴求等。標題是寫買方的話，標語是
寫賣方的話。標語，在廣告設計上一般會放在產品旁邊。

　　產品是硬體，標語則是軟體。在廣告競爭愈趨激烈的現代，為
引起消費者的注意，有些廣告會在標題前加一句標語代替。好的標
語可以讓效果持續，並且創造話題，提高口語相傳的機率。

　　設計簡短有力的標語，可以讓人快速理解品牌獨特性與特色。
標語字數不可太多，要淺顯易懂，字句要簡短、響亮、有趣便於記
憶，甚至能反映當下流行文化，消費者才容易記憶。slogan撰寫手
法：

1. 找出產品的賣點或優勢，之後先將賣點大致的意思寫出
   來，再進行刪改、進行精簡，最後針對販賣對象修改文
   句。
2. 可思索產品的獨特賣點及特殊優勢，如統一滿漢低脂香
   腸—「少了脂肪　多了美味」、國泰航空公司—「胸懷千
   萬哩，心事細如絲」、AVON化妝品—「雅芳比女人更瞭
   解女人」、黑橋牌香腸—「用好心腸做好香腸」。
3. 可朝能帶給消費者的利益著手，如大金變頻空調—「用大
   金，省大金」、保力達P—「明天的氣力」、新寶納多—
   「一人吃，兩人補」、柯尼卡—「它抓得住我！」。
4. 設計能引起共鳴的主張，如NOKIA—「科技始終來自人

性」、104人力銀行—「你未必出類拔萃　但肯定與眾不同」、009國際電話—「每一句話　都是思念」、台新銀行玫瑰卡—「認真的女人最美麗」、約翰走路威士忌—「keep walking」、7-eleven—「平價時尚，正在流行」。

5. 放入人稱主詞的標語，能拉近品牌與消費者之間的關係。商品與人關係較親密者，適合用此法，如金融、服務、生活等，如「全家就是『你』家」（全家便利商店）、「『它』捉得住『我』」（柯尼卡軟片）。

6. 善用中文修辭法。鑲嵌手法在廣告領域的運用上，則是指「將商品或店名置入廣告詞中」，例如「養生之道．盡在華陀」（華陀雞精）、「美樂就是歡樂」（美樂啤酒）、中國人壽—「正派經營—中國人壽」、悅氏礦泉水—「越是簡單　悅氏不簡單」。「告知消費者該商品的存在」是廣告最基本的目的，因此能將商品名稱妥善置入句子當中，則該商品便更有機會獲得消費者的注意。誇飾：「全家就是你家」（全家便利商店）、「一家烤肉萬家香」（萬家香醬油）。排比：「什麼都有，什麼都賣，什麼都不奇怪！」（YOHOO!奇摩拍賣廣告）、「這個月不會來，下個月也不會來了，以後都不會來了」（和信電訊）。

## 二、標題：以標題吸引注意（Attention）

廣告要吸引消費者注意即是利用「標題」。標題的功能為：引起注意、引發自我利益、區隔與鎖定目標、產品辨別、銷售、吸引讀者繼續往下閱讀正文。

標題在廣告中居於重要位置，易引起閱讀人的注意並優先閱讀，標題的撰寫應以簡潔文字呈現。宜力求新穎、簡潔、易懂，字體可較大。標題表達方式可分為以下數種：

## ㈠問句式標題

提出客戶感興趣的問題，亦即此商品能帶來哪些好處相關的訊息。問句往往能引起人們的注意。如：他為什麼能永遠看起來如此年輕漂亮？你也想要有一頭烏黑亮麗的秀髮嗎？你家冷氣機運轉時能安靜無聲嗎？你有肥胖的煩惱嗎？

在提問中可暗示答案，如：「你是否因『少頭髮』，而看起來比實際年齡老？」

## ㈡頭條新聞式標題

在標題中提供消費者相關的重要消息或新訊息，如新產品的推出、舊產品的改變、舊產品新用途等。此種標題能傳遞出重要性、急迫性。此種標題常出現「通知」、「快訊」、「特報」、「急報」、「發表」、「突破性」、「革命性」、「新的」、「改良的」之類字眼。如「重新裝潢開幕通知」、「春季特價拍賣」、「電費將於某月某日開始大幅提升」，以吸引讀者的注意。畢竟，人們對於「新事物」總是充滿了興趣。在此，若能使用明確的數字輔助或搭上時事風潮，更可提高可信度增強說服力。

## ㈢強調好處式標題

每一種商品對消費者的利益皆有所不同。利益有多種，可思索要以何種利益著手──自己、家庭、公司、社會還是國家利益？可提出：商品能為客戶解決哪些問題？可幫助客戶實現什麼願望、夢想？可獲得哪些優惠方案？如「只要30分鐘肌膚煥然更新」。「只要二天，牙齒潔白光亮」。

以商品的便利性、特質、對人利益為標題，如「強冷省電的冷氣機」。可直接在標題中告訴消費者商品可帶來的便利、好處，即利用促銷（sale pyomotion）如「早買早送」、「免費試

聽十天」、「免費索取試用品」、「保證不皺，如皺包換」、「保用十年，免費修理」。若以促銷為主標題要注意：

1. 雙題齊下：要有一優惠利誘，加上一主題標
2. 主標題一定要有玩字，才有玩味。如：

　　主題：歡樂「FUN」一夏
　　優惠利誘：破天荒　大放送

　　主題：機車「騎」蹟
　　優惠利誘：周全售後服務，使您無後顧之憂

## ㈣激發好奇式標題

此種標題的重點，即是以消費者的好奇心為訴求。人所不知與認知相反都能讓人引起好奇心：「你嘗試過0～100公里加速只要5秒鐘的快感嗎？」「你知道如何鎖住皮膚水分的祕訣嗎？」「你知道維持苗條身材的祕密嗎？」「不是藥，但是比藥更有效！」

## ㈤恐嚇型標題

人性總是喜歡逸樂，習慣忽略危險與痛苦，在文案中提醒消費者想起痛苦與恐懼，才能讓其思考為何要買單。此種標題，使用前提是屢勸不聽或為引起重視。目的在提醒消費者關注忽略的事情，讓消費者突然驚覺。此手法會有強烈的副作用，必須謹慎使用。可利用軟性恐嚇──假關懷，真恐嚇，目的是降低不舒服的感覺。

此種標題，最常用於銀行、藥品、保險等行業。如「40歲以上的男士，請務必閱讀」、「不讀此書，你將遺憾終身」、「毒品將殘害你終生」。

## ㈥以感情為訴求

利用情感關係與消費者建立情感連結，此種標題多以感性語句表述。如：「只悄悄告訴您一個人！」「再忙，也要跟你喝杯咖啡！」「足感心ㄟ！」

## ㈦標語式標題

標語式的標題，可在標題內巧妙地納入品名或公司名或目標群。常用的方式就是利用公司名稱或產品名稱做標題，如：「國泰人壽，人壽國泰。」「第一人壽，人壽第一。」如果目標群明確，標題可鎖定目標顧客，如「給想省油的車主」、「給想要美麗的女孩」。

## 三、副標題

　　主標題有時故弄玄虛或表述不清楚時，此時則須副標進行解釋。若主標很清楚則不須副標。副標題是標題與內文的橋樑。副標題有詮釋廣告概念的功能，主要為解說或強化標題和廣告的主題，進而將讀者導入正文。

　　副標題字體比標題來得小，比內文來得大。文字比主標題長。廣告文案除主標題外，可增加一或二個副標題，亦可無副標題的存在。

　　　　主標題→飲這罐最有酵
　　　　副標題→世界酵素之父愛德華‧賀威爾，酵素有多少生命有多少（大漢酵素廣告）

　　　　主標題→給我自信　輕鬆做自己
　　　　副標題→發現乾爽自信的新動力（靠得住衛生棉）

主標題→你屬於哪一種伊詩美優質女人？

副標題→你絕對找得到自己專屬的護膚程序（法國嬌蘭香水化妝品）

主標題→我是被害人

副標題→我被細紋暗算了。我被老化角質暗算了。我被太油太乾暗算了。我動人的年輕肌膚被肌膚問題暗算了。（諾婕蒂科技美膚化妝品）

## 四、引導文：以引導文引起興趣（interest）

引導文，又稱「導言」。其目的即是讓人產生興趣，使消費者對此物品產生關心、興趣，以便引起需求。引導文必須延伸標題的主題，可由商品的品質、用途、便利性、經濟性等所產生的利益為撰寫點。

可利用將商品特色「轉換」為消費者直接利益的手法，以引起消費者的興趣。如此產品是創新的，使用此產品能使購買者變得更美麗、更健康、更省錢等。

可利用和競爭商品比較，如：「只要使用A產品，每個月，你將節省20%的電能費用。」可利用心理利益為撰寫的出發點，思索此商品有什麼特殊意義，如「能看出喝茶者品味的好茶」、「能代表非凡社會地位的汽車」。以下舉數種撰寫方式：

㈠可以寒暄的方式吸引觀者，如「給力求創新的您」、「給走在流行時尚的您」、「值此歲寒之際」、「在此春暖花開的時節」。

㈡以說故事方式進行，基本架構可循時間→地點→人→事→物品→事件如何發展而下進行撰寫。

㈢利用事件報導方式撰寫。如主播在播報新聞，文中無你我，完全以客觀第三者角度，不能捲入事件本身。撰寫過程可利用數字堆疊增加可信度。

㈣以自述方式撰寫，以我的角度（自己化身為代言者）跟消費者分享使用後心得。

㈤以對話方式撰寫。要注意：(1)誰說？為何是由此人說？(2)說什麼？(3)明說還是暗示？吹捧還是諷刺？(4)是否與物品有結合？(5)要引用名言與否？或是引述名人的一段話還是自創？

## 五、正文：以正文堅定信心Conviction（信心）

正文是文案核心所在，與商品有關的所有訊息皆可經由文字修飾而後放置於此。正文又稱「主文」或「內文」。是廣告文案的骨肉所在，用以說明商品的詳細功能與各種利益。多為說明性文字，篇幅長短不限。

長篇大論的廣告正文，則必須先擬定結構，再做層次上的敘述，段落分明，如此才能將標題明確表達出來。當主文太長的時候，可在中間加上小標題，粗體字（Gothic），或空出幾行等等，盡量使顧客閱讀起來舒服一點。撰寫文案除了要清楚外，簡潔、明快也是必須的。

### ㈠廣告正文撰寫上注意事項

1. 內容最好圍繞在廣告商品的名稱、規格、性能、價格、質量、特點、功效和銷售地址等訊息，並以客觀事實的構思、富於情感的語氣，增強說服力。

2. 商品的描繪是DM文案相當重要的一環。在商品描繪過程要多用肯定句，多用報喜的心態表述，詞彙要多變化。

3. 段首多用連接詞，可使段落與段落銜接更加順暢，如「試想一下」、「例如」、「更何況」、「據」、「不過」、「所

以」等。

4. 掌握和洞悉消費者的心理需求，瞭解市場趨勢，以重點突出、簡明易懂、生動有趣、具有號召力的語言進行書寫。

5. 盡早講出品牌名稱，並不斷加以強調，以加深消費者印象。

6. 強調消費者利益，每一種商品對消費者的利益皆有所不同，用心並努力找出來。盡早提出令消費者心動的利益。

7. 訊息一定要直接明確，單純易懂。

8. 將整份DM分成易讀的幾個區塊，並善用分段標題，每段皆可下個標題。每一段訴說一個重點。

9. 多用短句。

10. 正文中可加入證言，透過消費者案例舉證，以期引起觀眾注意與共鳴。許多補習班、輔助教材、減肥產品／中心、藥品等皆喜用此法。

11. 若是強調價格促銷的廣告，為了吸引消費者，並突顯低價的訴求，有時會在廣告文案上加入醒目的價格標示，或提供優待條件，如售價有折扣，購買時附送贈品，或抽獎摸彩、售後服務完備等。或是在廣告文案的主題以外部分留下折價券的空間，以激發消費者購買衝動。

12. 善加運用視覺元素：如放置照片、圖片。

13. 聯絡基本訊息切記附上。

14. 標題前有一排小字，我們稱為「眉標」。「眉標」的作用是讓文案看起來更美，是為增加吸引力，可有可無，「眉標」若刪除對整個文案是毫無影響的。

## ㈡正文撰寫型態有以下方式

1. 敘事式：以平鋪直敘的方式，藉由前因後果，因為所以，將產品的特性、訴求對象、訴求內容進行表述。

2. 推薦式：由專家、知名人士或使用者現身進行推薦。最好有確切資料、數據為證，將更具說服力。

3. 對話式：撰寫手法為

(1)對話中有你有我。

(2)由生活中取材，找出共同有感的素材發揮。

(3)從產品中分離出有關的話題。

(4)由問答中，點出商品的特殊性與功能價值。

4. 比較式：本品牌與其他品牌的差異須點出，可由理性或感性亦可由個人身體或心理著手。可朝使用前（原先的困擾）、使用中（著重發現問題）、使用後（著重使用後的改變）。

5. 故事式：利用故事情節引出商品。人文產品（以文化或文藝包裝的商品宜用此法）。撰寫手法：開場以觸景（地、人、時）生情→加入個人觀察，與商品進行連結→表述個人心情進行交換→自下定義。

6. 點列式：以條列式撰寫，此法可節省文字使用的版面面積。以此法撰寫過程須注意要有「模組字」或系列化字眼貫串全文，讓讀者有整體的印象，有一致的感覺。如在句首可加入模組字詞如「頂級」、「獨家」、「專屬」，或在句尾加上「讚！」。

7. 詩句式：因詩句具有虛無的特質，因此要思索商品是否適合以此方式表現。以下商品適合以詩句式呈現：建築、保養品、百貨公司精品、文創商品等。這些商品具有夢幻、豪奢、流行性特質。撰寫手法：

(1)以想像式描寫取代白話敘述，運用更多的象徵、想像與意象。

(2)將平面的文字訴諸立體而多層感官的表達。

(3)多用形容詞。

(4)可不遵循一般的邏輯與文法。

(5)重視節奏、音韻，甚至是韻腳。

(6)附庸風雅（加入書名、作者名、名句）

(7)一行字成一段。

(8)講究文字排列的形式美。

## 六、結語：以結語催促行動Action（行動）

　　文案是為銷售而生，要有結語。可利用鼓舞性語句或催促文句，以便刺激消費者及早進行購買的動作。如「花色眾多，任憑選購」，「備有樣品，歡迎索取」、「樣品屋開放　歡迎參觀」，「只剩明天最後機會」、「特價優惠僅有七天」、「限量三十組」、「免費鑑賞」、「限量發行」、「截止日期」、「機會難逢」等等，雖屬廣告中的常用語句，卻不可缺少。如果是形象廣告，在結尾可重申品牌或產品的承諾。

## 肆、範例解說

**I Need – 愛你表白策劃公司**[3]

| | | |
|---|---|---|
| 標　　語： | 因為愛你，所以I Need | |
| 主 標 題： | 心動就要付諸行動 | |
| 引 導 文： | 你是否愛在心口難開？想跟她（他）不只是朋友，卻苦惱不知該如何更進一步？想確認彼此間的感情卻無從下手？ | |
| 主　　文： | 1.客制化量身訂做 | |
| | 2.專業團隊為您服務 | |
| | 3.感動瞬間全程記錄 | |

---

3　本文案為廖珮妤、蔡沂妗、陳柔安、鐘愉婷、楊淳育、趙晨共同撰寫。

　　　　4.打造專屬您的浪漫場合
　　　　5.嚴謹的保密條款
優　　惠：情人節告白即贈送99朵玫瑰
聯絡方式：09202001314
設計理念：I need策劃公司夢想將愛延伸到每一個角落。我們擁
　　　　　有多種浪漫巧思與企劃執行的能力，願成就每一個與
　　　　　幸福相關的活動。
創意發想：願天下有情人終成眷屬
如何促銷：網路傳播，DM發行宣傳
銷售對象：天下有情人

## 好臉面洗面乳[4]

主 標 題：一張好的臉面，是你成功的開始！
副 標 題：集抗痘、保濕、潔淨於一身的好臉面，效果好又方
　　　　　便，用過都說讚！
主 文 案：好的臉色是一天好的開始，不管是開會、應徵、見客
　　　　　戶，一張好的臉面都是成功的最佳關鍵。不要再天天
　　　　　抱怨洗面乳不夠給力，那是因為你沒有用對洗面乳！

---

4　本文案為賴志偉、陳聖元、陳宗昱、蕭閔祥、邱伯倫共同撰寫。

好臉面高效保濕、鎖住水分，並添加抗痘元素，讓你每天乾淨無負擔，尤其在這個分秒必爭的時代，好臉面讓你一石三鳥不浪費多餘時間，用對了洗面乳，你就成功一半！

設計理念：由於目前社會上的洗面乳非常多樣化，這一塊市場競爭很激烈，而現在生活追求「方便」，所以預計推出一款兼具多種功能的洗面乳，三合一效果使人們的生活更加方便，不用為了追求效果，擦一大堆瓶瓶罐罐，只要一條洗面乳就能搞定。

如何促銷：DM、系列廣告短片宣傳

銷售對象：鎖定十三到四十歲左右的青壯年客群，由於課業和工作上的繁忙，導致每一秒都很珍貴，這一款洗面乳由於三合一的功能使人們洗臉一條搞定，不浪費多餘時間。

## HOLD住掛鉤[5]

標　　語：黏住希望，承載夢想

主 標 題：完美無痕家庭，由你黏

引 導 文：你為家庭收納問題困擾嗎？

主 文 案：從今以後收納不再是問題。「HOLD住掛金鉤」增加收納空間，特殊環保材質使牆不落漆，經濟實惠，為您打造乾淨整齊的家。一個掛鉤便可取代所有掛鉤產品。能黏住想讓家更美好的希望，不只能承載物品還能乘載夢想，不落漆的掛鉤，也讓大家的人生不落漆。

---

5　本文案為陳億佳、陳書蘋、張鈺芬、蔡宛諭、連珍瑩、趙怡君、朱芯慧共同撰寫。

設計理念：我們使用環保樹酯製成的「HOLD住掛鈎」，完全顛覆傳統掛鈎！不須釘釘子，不須敲打，完全不會破壞裝潢，不只能黏在牆上，還適用各種平滑表面：磁磚、玻璃、塑膠、木器、烤漆等，100%防水、防潮、防油。

創意發想：掛鈎是每個人家裡都會使用到的一個東西，傳統的掛鈎總是需要麻煩地拿出工具敲敲打打，才能使用，既不方便又破壞家中裝潢。於是，我們想把它變得更便利、更安全、更實用，甚至更具現代設計感。我們希望這個掛鈎不只能掛住物品，更能增加家中美感，輕鬆打造夢想中，乾淨整潔又時尚的家園！

如何促銷：1.廣告牆：像家一樣的牢固！富有裝飾性，將現代塗鴉藝術與家庭做連接。
　　　　　2.電視廣告：以播報新聞的方式呈現
　　　　　3.廣播：以廣播短劇方式呈現

銷售對象：一般民眾，專攻家庭婦女市場。另外還可批發給須大量掛鈎的商店。

## 舒靜（多功能空氣清淨機）[6]

主 標 題：小小舒靜，大大森林
副 標 題：擁有它，等於擁有一座森林
引 導 文：偷偷告訴你，便宜又實在是存在的。
主 文 案：每個人都該擁有呼吸乾淨空氣的權利。一台好的空氣清淨機，是你權利的保障。

---

6　本文案為顏淑敏、林文惠、郭庭芳、詹千慧共同撰寫。

它牌：體積大，不易攜帶，耗電，不易收納。

舒靜：體積小，適合放在機車踏板，電量持久，可輕
　　　鬆收納。

設計理念：每個人都該擁有呼吸乾淨空氣的權利。一台好的空氣
　　　　　清淨機，是你權利的保障。因此，我們想提供你最好
　　　　　的選擇。

創意發想：大學生多外宿、多合一功能、多種顏色、體積小。

如何促銷：電視廣告、廣播廣告、DM宣傳、網路平台。

銷售對象：學生、單身上班族、有小孩的家庭主婦、小型工作
　　　　　室、小型精品店。

## 晶晶美酒[7]

主 標 題：喝盡十年，我們一起乾杯！

主 文 案：來聽一瓶用十年時間釀造而成的美酒

　　　　　聽聽它十年的故事

　　　　　你有多少個十年呢？

　　　　　每一顆葡萄　都是莊園的貴族

　　　　　占據千百平方的土地　坡度的季風因它而起

　　　　　在他成熟時　總有老工人

　　　　　小心翼翼地等待它甜與酸平衡時

　　　　　由釀酒人用時間封存　將一瞬的光彩呈現給你

　　　　　流水雕刻奇岩，時間雕刻晶晶美酒

　　　　　年輪一圈圈增加，而我們依舊在等

　　　　　晶晶美酒

---

7　本文案為林建宏、田庭嘉、劉彥均、劉鎧榮、邱紫童、林義榮共同撰寫。

> 　　　　　最後，我們一起乾杯吧！
> 設計理念：喝酒，是為了情緒而喝；有許多的故事都是因為酒而
> 　　　　　產生，我們透過文字和酒，讓客戶回甘過去。
> 創意發想：從葡萄到葡萄酒的過程，以時間為出發點進行思考。
> 如何促銷：「與朋友相聚，第二瓶半價」
> 銷售對象：以三十歲以上到四十歲，從事業務、商業男女為目
> 　　　　　標，他們現階段大都是為事業打拚，將自己生命的十
> 　　　　　年投入，有著許多故事，正如一杯葡萄酒，只為了一
> 　　　　　口的甘甜。

# 伍、習題

1. 請運用三種標題撰寫手法為一商品撰寫標題，並說明使用何種
   手法。
2. 請為某店家撰寫一銷售宣傳單。請以**AIDCA**法則進行
   A：Attention（吸引注意）
   I：Interest（產生興趣）
   D：Desire（激發渴望）
   C：Conviction（產生信心）
   A：Action（促使行動）

# 參考書目

1. 歐陽鋒：《創意噱頭賺錢術》，（台北：漢湘文化事業出版公司，1995年1
   月）。
2. 川勝久：《DM廣告行銷戰略》，（台北：世茂出版社，1991年2月）。
3. 周紹賢：《廣告劇場開「賣」啦》，（台北：漢湘文化事業有限公司，
   1995年2月）。

4. 楊梨鶴：《DM文案完全攻略本》，（台北：商周文化股份有限公司，1994年1月）。

5. Don Cowley主編 李桂芬 翻譯：《廣告企畫法——從消費者觀點出發》，（台北：商周文化股份有限公司，1992年1月）。

6. 高杉尚孝：《麥肯錫寫作技術與邏輯思考》，（台北：大是文化有限公司，2013年12月）。

7. 許耀仁：《用寫的就能賣——你也會寫打動人心的超強銷售文案》，（台北：創見文化出版社，2014年12月）。

第三章
# 招牌文案

汪淑珍

## 壹、定義

　　廣告招牌也稱為廣告看板。「係指表示公司名、店名、經營商品名，以及營業項目之標誌。其種類複雜多歧，名稱各異。」[1]招牌廣告是以不特定的對象，在固定期限內持續提供廣告的物件。屬於「戶外媒體」[2]的廣告。

　　若以廣告招牌與建築物的設置關係做分類標準，蔡仁毅分為四種形式：「**獨立型**：單獨於建築物室內外設置之廣告招牌，此類型之廣告招牌除具有一般性商業展示之功能外，亦大都兼具有方向標示之功能。**附加型**：廣告招牌附加於建築物上，此為最常見之一般性廣告招牌。**合一型**：建築物本身即設計成一座大型的廣告，以特殊之建築語彙、造型及燈光設計來突顯商店之特色。」[3]

　　廣告招牌，是彰顯商業屬性的必備工具。廣告招牌具有訊息傳播、標示說明、商店指引的功能，更是商家與消費者間溝通的橋樑。「對小型企業而言，廣告招牌可說是它們最重要的傳播媒體之一。花費少效果大，綜合而言，廣告招牌在行銷中，至少能發揮下

---

1 樊志育、樊震，〈廣告招牌〉，《戶外廣告》（台北：揚智文化事業股份有限公司，2005年），頁33。

2 「戶外媒體不只是一種媒介，多數戶外媒體本身就是街道傢俱或景觀小品。富有創意、變換靈動、光影斑斕的戶外媒體，點綴、豐富、量化著城市建築、道路、廣場等地外立面和內空間。」參見陳萬達，〈戶外媒體特性與行銷效應〉，《媒體企劃——跨媒體行銷趨勢與傳播策略》（台北：威仕曼文化有限公司，2012年），頁76。

3 蔡仁毅，〈一閃、一亮、不知所云——由都市景觀探討廣告招牌之設置及其影響（上）〉，《中華民國建築師雜誌》第236期（1994年8月），頁61～63。

列作用： 1.廣告作用 2.指認作用 3.提升企業形象」[4]廣告招牌如今
更是都市景觀組構的元素之一。「廣告招牌在組構都市意象及都市
景觀中，有其特殊的商業資訊傳播機能及突顯視覺之特性，因此在
今二十一世紀的商業時代中，廣告招牌已成為社會中一項不可或缺
之特殊產物。」[5]

　　招牌廣告是最傳統的廣告方式，最早的招牌廣告僅以店名為
主，而後加上經營商品、營業項目、優惠方式等，輔以招牌文字的
變化、色彩的加持、型態的設計、特殊播放效果及放置位置，以充
分發揮集客效益，將店家獨特魅力傳達給消費者。

## 貳、撰寫方式

　　因廣告招牌接觸群眾廣泛，是以流動的消費者為對象。無法刻
意針對某些特定群眾進行廣告。廣告招牌具傳播商業訊息之功能，
除了宣示企業理念，還須符合消費者心中認知的價值判斷，如此才
能吸引路人中潛在顧客的注意。因發揮空間狹隘，傳達訊息量有
限，表現方式也較受限，不適合太複雜的訊息，在設計布局上宜以
簡單清楚為原則。須以精簡字詞，讓民眾在最短時間達到認知──
店家營業性質、商店名稱、商品特性、所在處所。招牌所呈現的傳
達內容，勢必是經營者認為最重要且最精簡的訊息，此訊息也含括
了商店形象的意涵。

　　在廣告招牌中，店家命名是行銷策略中非常重要的一環，店家
命名取得好，可以突顯形象，讓消費者印象深刻，縮短顧客與店家
之間距離。

　　店家命名訣竅為與販賣產品能有所聯想，可朝商品特性、訴求

---

4　樊志育、樊震，〈廣告招牌〉，《戶外廣告》（台北：揚智文化事業股份有限公司，2005年），
　　頁32。

5　蔡仁毅，〈一閃、一亮、不知所云──由都市景觀探討廣告招牌之設置及其影響（上）〉，《中
　　華民國建築師雜誌》第236期（1994年8月），頁60。

對象著手，語詞須精簡，文字要有力，詞意要明確，能令人印象深刻。此外，易唸順口、親和力足夠、易聯想、易識別、易記憶、好感受、易傳誦都是須注意之處。

　　王麗芳在〈品牌命名—談招牌〉一文中，將招牌命名為數字、成語、標新立異、洋文化、反應社會背景、地方特產、諧音等十四種用字遣詞類別。

　　高惠瓊指出：「好聽、好寫、好看、好記、好唸等『五好』傳達印象。考慮下列各要點：名稱的意義（字義相關而內容好）、用字的種類及造型（富美感認視度高的字體）讀音的感覺（好唸好聽、容易記憶）、名稱的聯想（需要有好的聯想）、名稱的獨特性（非類型、易於識別）。下列幾項原則不可忽略：(1)可表現出永續性精神(2)具國際通用性強(3)具易記住(4)具易懂性(5)具易唸性(6)具易寫性。」[6]有了好的命名，若再加上最想讓消費者獲得的訊息，即完成了招牌廣告的撰寫。

## 參、寫作技巧

　　廣告招牌的撰寫手法多樣，以下提供幾種撰寫手法：

### 一、諧音雙關的運用

　　雙關指一詞語同時兼含兩種事物或兩種意義的修辭法。諧音雙關：中國文字具有「多字同音」的特色，為增進文字的趣味，利用音同或音近的關係來構詞，使詞句具有兩種意涵。

　　招牌廣告中，常利用諧音雙關，進行「玩」字，製造具吸引力的語感。可利用一般人已熟知的詞彙——人名、物名、地名、成語、俗諺、專名等，甚至利用方言、英文字母等。因為是消費者熟

<hr>

6　高惠瓊，〈商店招牌設計意象建構與分析方法之研究〉，《國立台中技術學院學報》第5期（2004年6月），頁237。

稔的，因此以諧音的方式可使店名或商品特質與消費者進行連結，資訊容易進入消費者腦海，加上別有新意的字型出現，也易讓消費者印象深刻。如「伊能靜乾洗店」（伊能靜）、「郭富城火鍋店」（郭富城）、「台雞店烤雞店」（台積電）、「泰平天國」（太平天國）、「中研苑」（中研院）、「村上春墅」（村上春樹）、「羅丹別墅」（羅丹）。

## 二、正向意涵之詞彙——與企業有正面形象的連結

㈠營業之目的即是希望賺取錢財，因此招牌上常出現與錢財有關之詞彙，如「招財」、「有利」、「進財」。

㈡中國人喜講吉慶，因此店名常用與吉慶相關詞彙，如「百利」、「有利」、「喜來登」、「永利」、「鑫鑫」、「吉福」、「鴻運」、「慶祥」、「泰來」、「悅來」、「耀增」、「福吉」等。

㈢招牌亦是企業形象的招示，招牌可幫助建立形象，因此含有止向意涵的字詞也常被用在店名上，如「正」、「中」、「立」、「安」、「誠」、「信」等。

㈣招牌的作用當然是希望能發揮招徠顧客功效，因此店名亦可反映店家期盼顧客光臨的心態，如「來」、「擱再來」、「天天來」等詞。

## 三、姓氏、籍貫有關

以姓氏取店名，易令人直接聯想到創辦者。以姓氏取店名如「老查」、「老麥」、「張牙醫」、「朱記餡餅」、「鬍鬚張魯肉飯」，或利用籍貫取店名，如「福州乾麵」、「北京小吃」。

## 四、以營業項目取名

㈠以營業內容取店名者如「豆漿大王」、「西瓜大王」、「燒餅大王」、「水電行」、「書店」、「西餐廳」。

㈡以商品屬性取名者，如洗衣店強調乾淨快速，因此店名會取與「潔」、「乾」、「快」、「速」等字連結。文具店與文具、學生有關，命名上即會取與「文」、「書」、「學」等字連結。貨運行因講究快速，名稱上即會取「順」、「捷」、「快」等字組合命名，美容院，使人能更加美麗更加優雅，因此店名會取與「美」、「麗」、「雅」等字連結。

㈢強調營業時間的招牌：「7-11便利商店」、「30分快速沖印店」、「10分鐘快速剪髮」

㈣以商品特色進行命名，如「柯達」—名構想來自照相機快門按下同時，它所發出清脆悅耳的「Ko-Dak」聲音效果。兩段式發音法，很有節奏、韻律感。

## 五、價值明確化 —— 訴諸賣點

招牌不僅是標示商店行號的名稱，也能點出提供服務或商品種類，以商品特殊賣點決定招牌名稱。強調商品功能或品質的詞彙，可以名詞或形容詞表達。常見的有「有機」是商品絕對未受污染的保證。此外，如「手做麵包」、「純天然」等。

## 六、觀念擬似感受

㈠有些店家藉由特殊地方給人的意象，取為店名，讓消費者彷彿能感受到該地的氛圍與服務。如婚紗店喜用具時尚特質的地點名稱，如「法國」、「義大利」、「米蘭」。具浪漫、熱情的「西班牙」、「加州風情」等。

㈡亦可利用民眾對知名企業的崇尚，以其名稱進行套用，使群

眾產生移情作用。如國際品牌者：「卡迪亞」、「紀梵希」、「蒂芬妮」皆有「頂級」、「尊貴」、「高雅」之意涵。

## 七、成語招牌

利用成語諧音方式取店名，如「三顧茅廬麻辣鍋店」。三顧茅廬：比喻敬賢之禮或誠心邀請。「完美主義美妍館」。完美主義：對己、對人皆要求完美而無缺點的態度

## 八、創意招牌

如以台語發音的招牌：「腰瘦香滷味」、「真好呷」。

## 九、反映社會現況

「單身貴族」、「獨身貴族」、「夜貓子」、「宅男的店」。

## 十、表現地方特產的招牌

「萬巒豬腳」、「高雄牛乳大王」、「嘉義雞肉飯」。

## 十一、可利用色彩、方位、數字做聯想

色彩：綠色大地（綠）、紫色花園（紫）
方位：南方花園（南）、東方之星（東）
數字：二十一世紀炸雞（21）、阿里山十六行館（16）、萬里香飯館（10000）

# 肆、範例解說

## 諧音

「瓦特」即取水的英文音water
資料來源：編者拍攝

「豪雅」即取HOYA的諧音
資料來源：編者拍攝

魚翅專賣店
資料來源：編者拍攝

## 吉慶意涵

「天天來」即表述老闆的期盼
資料來源：編者拍攝

「亨昌」是吉慶詞
資料來源：編者拍攝

## 姓氏有關

「林記」即與姓氏有關
資料來源：編者拍攝

## 營業項目

漢堡
資料來源：編者拍攝

大餛飩
資料來源：編者拍攝

各式美食
資料來源：編者拍攝

## 商品屬性

洗衣店希望衣服「永新」
資料來源：編者拍攝

「群益」對大家都有幫助
資料來源：編者拍攝

## 訴諸賣點

講究「平價」
資料來源：編者拍攝

通訊所以「環球」
資料來源：編者拍攝

## 觀念擬似感受

資料來源：編者拍攝

## 數字

資料來源：編者拍攝

# 伍、習題

試為一美容院撰寫招牌，並說明撰寫之意涵與使用之撰寫手法。

試為一書店撰寫招牌，並說明撰寫之意涵與使用之撰寫手法。

## 參考書目

1. 吳淑君：《廣告文案與生活創意》，（台北：漢欣出版社，1995年5月）。

2. 楊梨鶴著：《文案自動販賣機：第一本本土廣告文案寫作指南》，（台北：商周文化股份有限公司，1996年3月）。

3. 樊志育、樊震：《戶外廣告》，（台北：揚智文化事業股份有限公司，2005年7月）。

4. 小山雅明著，李友君譯：《全能招牌改造王：瞬間拉升集客力，讓路人通通變客人》，（台北：時報文化出版社，2014年3月）。

5. 陳萬達：《媒體企劃──跨媒體行銷趨勢與傳播策略》，（台北：威仕曼文化有限公司，2012年4月）。

6. 羅伯特・布萊（Robert W. Bly）著，劉怡女譯：《文案大師教你精準勸敗術》，（台北：大寫出版社，2014年8月）。

7. 有田憲史著，吳建慶譯：《怎樣把文案寫好》，（台中：晨星出版社，2015年5月）。

# 第四章
# 電子媒體文案

蔡娉婷

## 壹、定義

　　現代社會中，我們被無所不在的廣告所包圍，因科技發達隨之而來的訊息交流，使得消費資訊有飛躍性的變化[1]。廣告可謂「為了促進企業的市場活動而使用的訊息交流行動」，其中包含了兩個不同立場的角色，即「廣告主」及「閱聽人」，前者出資，透過傳播媒介，以付費的方式向後者宣達放送訊息。這類的訊息型態是多樣化的，從靜態的平面文字到動態的影像畫面，從實體的有形物件到電子網路社群，每天如排山倒海充斥於我們的生活中，因此要如何吸引閱聽者、刺激消費行動，廣告主無不推陳出新、各顯本事。

　　廣告的型態非常多樣化，且隨著時代而日新月異。早期為平面廣告（報紙、雜誌、傳單、看板）與電子媒體（電視、電影院、收音機、跑馬燈）占多數，隨著科技的腳步，電子媒體廣告日新月異，電視被世人公認為二十世紀最偉大、最重要發明之一（亦為爭議最多者）。台灣第一家從事商業廣播的電視台，是在1962年4月28日成立的台灣電視公司（簡稱「台視」），陸續成立中國電視公司（簡稱「中視」）、中華電視公司（簡稱「華視」）、全民電視公司（簡稱「民視」）與公共電視台（簡稱「公視」）。目前台灣已推行歐洲傳輸標準的無線數位電視（DVB-T），大部分頻道也用衛星進行備份傳送。台灣於2012年全面收回類比無線電視電波

---

1　例如榮泰生：「廣告是付費的、非個人化的溝通形式，它是由可認明的廣告主透過大眾媒體來說服或影響閱聽人。」（榮泰生：《廣告策略》，台北：五南出版社，2000年2月初版二刷，頁70）王昭國：「廣告是為了促進企業的市場活動，而使用的訊息交流行動。」（王昭國編譯：《如何發揮廣告效果》，台北：大展出版社，1993年1月初版三刷，頁12）

頻率,全面進入數位電視時代。

電視媒體的誕生,可同時傳遞文字、圖像和聲音,打破廣播和報紙之局限,迅速成為主要媒體之一,從商業廣告的角度而言,也是最有效率的行銷式。電視廣告,其類別可分為「現場廣告」(Commercial Message,簡稱C.M.)、「反射卡片」(Telop)以及「廣告短片」(Commercial Film,簡稱C.F.)[2],茲分述如下:

## 1. 現場廣告(C.M.)

指在攝影棚、轉播現場等,於節目進行中將畫面直接透過電視攝影機播映出來。例如在球賽轉播時,現場由模特兒進行飲料販售的行銷。此外,透過直播畫面,廣告商可以在現場置放大型看板,俗稱「置入性行銷」,經由鏡頭的帶過,將該商品訊息映在觀眾的眼中。此類行銷手法亦常見於電影畫面,例如《航站情緣》、《侏儸紀世界》中的商店街。

## 2. 反射卡片(Telop)

受限於廣告經費或時間,以圖片來顯示的電視廣告稱之。由於此種靜態畫面的製作原理與平面廣告設計大致相同,故本章不特別說明。

## 3. 「廣告短片」(C.F.)

廣告短片(C.F.)可說是電子媒體廣告企劃的重點,本章的闡述亦以此為主要探討內容。它結合音樂、美術、文學、表演與科技的綜合藝術,視、聽兼備,具有多元化的性質。一支廣告影片的完成,必須結合多種行業的人力、物力與專業設備,從策劃到執行需要完整周密的規劃,設計、製作及表演者,皆須完

---

2　參見高渠,《電視廣告——創作學》(台北:華視出版社,1985年),頁137～138。

善地溝通、配合，加上後製作業，方能順利完成影片。商業性
質的廣告影片，完成後的推出與行銷，也需要縝密地策劃，方
能在最經濟有效的條件下，達成獲利的目的。

　　構成電子媒體廣告的三要素為「策略」、「創意」、「媒
體」，以下圖來呈現三者的重點：

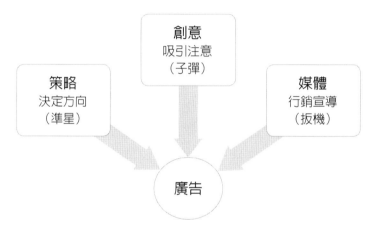

圖一　廣告三要素

　　「策略」的目的在自問：要做什麼？要說什麼？為何要這樣
做、這麼說？要注意哪些事？「策略」是用來指引、規範廣告的方
向，宜以何種內容展現、以什麼方式展開？以打靶來比喻，即找到
「準星」。

　　「創意」則是綜合運用各種天賦能力和專業技術，由現有資
源中求得新觀念、新做法、新樣式的過程。這些令人目眩神迷的聲
光則是無數「創意」的美麗包裝。因此，電視廣告戰，是以創意決
勝負；電視廣告的企劃，也以創意為第一要件。創意的來源是隨
時觀察及注意生活周遭，多想並多看。傳播學泰斗馬歇爾・麥克
魯漢（Herbert Marshall McLuhan, 1911～1980）曾大膽預測廣告是

「二十世紀最偉大的藝術形式」[3]。因此它可以用來作為大眾文化的指標，出手則必須吸引目光，一針見血。以打靶來比喻，創意則是那顆擊中消費者的「子彈」。

「媒體」是行銷所用的方式，要放在「空間附生型媒體」（電影院廣告、交通工具車廂內廣告、商店賣場）？還是「工具傳輸型媒體」（電視頻道、網站附屬視窗）？或者「定點式長效型媒體」（戶外看板、外牆廣告、捷運月台螢幕）？抑或「移動式機動型媒體」（公車內LED螢幕、飛機座位螢幕）？如今，電視廣告及YouTube可說是電子廣告影片流通的主流場域，尤其後者可不受限於瀏覽的場所，智慧型手機只要連上網路，隨時可點閱或下載。故只要選擇了行銷的管道，留意推出的時機，只要影片一放送，便如刀劍出鞘，迅速流通，因此以打靶比喻，即為扣下「扳機」。

不同於電視廣告，廣播廣告最大的不同是它沒有視覺的部分。無論電視、報紙、雜誌，廣告都訴諸於視覺或視聽兼備，只有廣播廣告是只能有聽眾的。以聽覺為主的廣播稿，亦可以結合音樂、音效，創造無限的想像空間，在平均十五秒的廣告段落中，諦造快速印象累積的目的，且一切皆以「聲音」作為傳遞媒介。由於沒有畫面作為廣告效果的補強，因此聲音稿便顯得無比重要，儼然透過「心靈劇場」達到行銷的目的。因為它沒有實際的畫面，因此消費者有時反而能好好地聆聽廣告的內容，藉由配音員清晰的咬字、適當的音效和配樂，創造腦海中的想像畫面。

本章討論的對象，仍以具有「聲音」、「畫面」的電視廣告短片為主。一支吸引人的C.F.，是集眾人智慧、創意、靈感的結晶，當它在數十秒內迅速以聲光展現強烈震撼時，「視」與「聽」同時掌握，吸引了眾人的注目。綜合以上特色，電子廣告短片具有以下

---

3　參見陸劍豪譯，James B.Twitchell著，《經典廣告20：20世紀最具革命性、改變世界的20則廣告》，方蘭生〈推薦序〉（台北：城邦文化事業，2002年），頁11。

性質：

1. 多元性：電子廣告短片具有「聲」、「色」之美，將印象深植消費者腦海，尤其具有「故事性」、「戲劇性」的影片，若能製作得宜，效果絕非其他媒體之廣告所能及。
2. 易逝性：由於電子廣告短片具有「稍縱即逝」的特色，因此在製作時，表現手法必須強烈且突出，才能在短時間內迅速引起觀眾的注意。除了表現手法的特別之外，可運用重複強調及播出，加深觀眾的印象。
3. 即時性：電子傳播的便利與時效性，使廣告短片在短短幾秒內便可迅速傳遞，並且不受城鄉的區別，只要可收到頻道、具有網路的地方便可觀賞，無遠弗屆。

# 貳、撰寫方式

## 一、廣告短片腳本

電子媒體文案是以數位影像的方式呈現的，可運用於廣告短片，由於此類廣告文案在寫作過程中除了運用一般的語言文字符號外，還必須掌握影視語言，運用蒙太奇思維，按鏡頭順序進行構思，頗似電影文學劇本的寫作，因而又被稱為「廣告短片腳本」。

廣告短片的各種構成要素：素材、主題、藝術形式、表現手段以及解說詞等，都是廣告創意的重要組成部分，這一切都必須首先通過廣告短片腳本的寫作體現出來，從而使電子媒體廣告文案顯示出有別於其他廣告文案的特殊性。

廣告短片腳本是電子廣告創意的文字表達，是體現廣告主題，塑造廣告形象，傳播廣告信息內容的語言文字說明，是廣告創意的具體體現，因而，它是現代廣告文案寫作的重要組成部分。

然而，它又與報刊等平面廣告文案的性質有明顯的區別：它並

不直接與觀眾見面，因為它不是廣告作品的最後形式。只不過是為導演進行再創作提供的詳細計畫、文字說明或藍圖，是電子媒體廣告作品形成的基礎和前提。因此，對未來廣告作品的質量和傳播效果具有舉足輕重的作用。

　　廣告短片腳本包括既相連接又各自獨立的兩種類型：一是故事腳本，二是分鏡腳本。故事腳本是分鏡腳本的基礎，分鏡腳本是對故事腳本的分切與再創作。前者由文案撰寫者（編劇）撰寫，後者由導演完成。

## 二、畫面語言

　　畫面語言（又稱為影視語言）不僅是電子媒體廣告的信息傳達手段，也是電子媒體廣告形象得以形成、體現的必不可少的先決條件，因而它是廣告短片的基礎和生命。

　　畫面語言的特點如下：

1. 具象性、直觀性——它總是以具體形象來傳情達意，傳遞信息。
2. 運動性、現實性——攝影機具有客觀地記錄現實的作用和「物質現實的復原」功能，因而影視畫面的基本特徵是「活動照相性」，可以使觀眾產生一種身臨其境的現實感。
3. 民族性、世界性——影視語言不僅具有鮮明的民族性特徵，而且是一門世界性語言，可以成為各國人民交流思想、傳遞信息、溝通感情的工具。

　　畫面語言主要由以下三部分構成：

1. 視覺部分，包括螢幕畫面和字幕；
2. 聽覺部分，包括聲音、音樂和話語；
3. 文法句法，亦即「蒙太奇」（鏡頭剪輯技巧）。

## 三、廣告金句創作的角度

廣告金句，又稱為slogan，必須符合定位、易於傳播等綜合因素進行考慮。常見的角度有：

### 1. 產品的獨特賣點（U.S.P.）[4]

根據產品與其他競爭產品的不同之處，訴求消費者利益，才能吸引消費者。例如：「只溶你口，不溶你手。」（M&M巧克力）「幸福，就是家在一起。」（三菱Savrin：主打三代同遊的家庭）

### 2. 消費者認同的社會信條

容易讓消費者在認同廣告語的同時，接受本品牌。比如：「Just do it！」（NIKE）「好東西要和好朋友分享。」（麥斯威爾咖啡）「信任，帶來新幸福！」（信義房屋）「生命就該浪費在美好的事物上。」（曼仕德咖啡）「思想有多遠，我們就能走多遠！」（紅金龍香煙）

### 3. 競爭角度

獨闢蹊徑，尋找不同的細分市場，或者從競爭角度訴求自己的地位。比如：「非可樂！」（七喜汽水）「有些位子，別人永遠到不了！」（TRIBUTE 4W汽車）

### 4. 提問或挑釁的口氣

採用一種提問或挑釁的口氣，可以引起消費者的注意。比如：

---

4　產品的獨特賣點，英文表示為Unique Selling Point，簡稱U.S.P.。消費者不是為產品而買，而是為了使用後能為他帶來什麼好處而買。所以，找出產品獨特賣點（U.S.P）後，還要轉化成為一句清楚的消費者利益，讓他知道「買這個商品後，能獲得什麼特殊的好處」。

「世事難料，你保安泰了沒？」（安泰人壽）「你累了嗎？」（蠻牛提神飲料）「老外老闆來了，你只會說Hello嗎？」（美語補習班）

### 5. 好的感受

訴求產品所給人帶來的感受。比如：「擋不住的感覺」（可口可樂）、「柔柔亮亮，閃閃動人」（麗仕洗髮精）。

### 6. 消除消費者存在的誤解

一般用於新產品，在上市之初，消除消費者原來存在的錯誤觀念。比如：「學琴的孩子不會變壞。」（三葉鋼琴）

### 7. 語言文采

出色的語言表達方式也會讓人耳目一新。比如：「鑽石恆久遠，一顆永流傳。」（de beers）

### 8. 企業形象 / 品牌形象

多通過一些大器的說法，用於為企業或品牌作為形象宣傳。比如：「專注完美，近乎苛求。」（Lexus）「只有遠傳，沒有距離。」（遠傳電信）「相逢自是有緣，華航以客為尊。」（中華航空）「華碩品質，堅若磐石。」（華碩電腦）「溝通從心開始！」（中國移動）

### 9. 消費者定位

直接告訴消費者自己的定位，引起目標人群的關注。比如：「每個人都是上帝的手稿。」（Mazda 3汽車）

### 10.創造概念，引領潮流

通過挖掘或創造某些概念，形成一種說法，引導消費者的觀念。比如：「肝若好，人生是彩色的；肝若不好，人生是黑白的。」（保肝丸）

### 11.體現個性

通過訴求一些個性化的理念，引起消費者共鳴。比如：「只要我喜歡，有什麼不可以。」（司迪麥口香糖）「就是要海尼根！」（海尼根啤酒）「不在乎天長地久，只在乎曾經擁有。」（飛亞達錶）「給我Levi's，其餘免談！」（Levi's牛仔褲）

### 12.體現企業對消費者的關心

以情感訴求來達到消費者的認同。如：「麥當勞都是為你。」（麥當勞）「全家就是你家。」（全家便利商店）「We are family!」（中國信託）「足感心A！」（全國電子）

撰寫廣告金句須注意以下特點：

### 1.簡潔凝練

廣告語在形式上沒有太多的要求，可以單句也可以對句。一般來說，廣告文案標語的字數以六至十二字為宜。如伊莎貝爾喜餅標語「我們結婚吧！」、NIKE公司的「Just do it」、IBM公司的「Think」，都是非常簡練的。

### 2.明白易懂

廣告文字必須清楚簡單、容易閱讀，用字淺顯、符合潮流，內容又不太抽象，受過普通教育的人都能接受。廣告語應使用訴

求對象熟悉的詞彙和表達方式，使句子流暢、語義明確。避免生詞、新詞、專業詞彙、冷僻字詞，以及容易產生歧義的字詞。也不能玩文字遊戲，勉強追求押韻。有一些公司的廣告語由於用詞淺白、貼近生活而流傳甚廣。例如提神飲料廣告「喝了再上！」（康貝特），彷彿是一個朋友向你推薦或提醒，淺顯易懂。

### 3. 朗朗上口

廣告語要流暢，朗朗上口，應適當講求語音、語調、音韻的搭配，這樣才能可讀性強，抓住觀眾的注意力。我們不難發現，許多廣告語都是講求押韻的，比如：「珍珍魷魚絲，真正有意思！」（珍珍魷魚絲）」「四季調味，真情入味。」（四季醬油）」「買一份用心，用一份安心。」（清淨屋熱水器）」「藍牙現蹤，鬍渣無蹤。」（百齡藍牙電鬍刀）。

### 4 新穎獨特

要選擇最能為人們提供最多信息的廣告語，在「新」字上下功夫。如新產品或老產品的新用途、新設計、新款式等。廣告語的表現形式要獨特，句勢、表達方法要別出心裁，切忌抄襲硬套，可有適當的警句和雙關語、象徵，迎合觀眾的好奇心和模仿性，喚起心靈上的共鳴。比如中華豆腐以「慈母心，豆腐心」，巧妙地創造「豆腐」與「慈母心」之間的連結。

### 5. 主題突出

廣告的標題是廣告正文的高度概括，它所概括的廣告主體和信息必須鮮明集中，人們看到它就能理解廣告主要宣傳的是什麼。一則廣告語可以選擇不同訴求點，即強調的東西不同，但總要突出某一方面。例如March廣告：「加速一路領先，用

油一路墊後。」讓人很輕易地就注意到「省油」這項重要的利基，且抓住了消費者所關心的問題之一。又如Nokia的一則廣告語「科技始終來自於人性」，向消費者展示了該公司的創業理念，使人產生一種信服感，從而對產品的質量、售後服務等有了信賴感。

在如今這個資訊發達的時代，廣告已深入到社會生活的各個層面，它用簡練、生動的語言，集中而形象地表明商品的特色和性格，表達消費者的願望和要求；它用富有感情色彩的語言來吸引受眾、感染受眾，不僅使人們瞭解其商品、信任其商品，同時也成為一種社會文化。例如眾所周知，近十幾年來，台灣的中秋節最盛行的活動是烤肉，其起源便來自於「萬家香醬油」的廣告金句：「一家烤肉萬家香！」金蘭醬油亦不甘示弱，推出一支廣告短片，畫面中數十名男女老少在草坪上集體歡樂烤肉的氣氛，搭配輕鬆愉快的合唱，引領人們意識到團體一起烤肉的快樂感覺，竟因此漸漸蔚為風氣，令人不得不讚佩廣告在社會文化中扮演的重要角色。

廣告金句的創作是一項需要靈感與方法的工作，廣告金句的文體形式並無定式，需要從業者在具體工作中不斷創造並創新，還需要綜合考慮以上各種角度來衡量廣告金句，在創作中不斷修正，才能創作出更優秀的廣告金句。

## 四、表現主題

廣告短片的表現主題，應兼顧社會教化功能，文案創作的過程中，需要注意一些禁忌：

### 1. 流於主觀

若廣告文案採用強行推銷的手法，容易讓人反感。例如：「今年過年不送禮，送禮只送○○○。」主觀意識太強烈，則不易讓觀眾接受。

## 2. 無差異性

某些廣告文案只是表現出產品品類共同的東西，沒有自己獨特的地方。如某打字機廣告文案「不打不相識！」則無獨特性；洗衣粉廣告表示能「乾淨」，飲料強調「好喝」等等。單純地展現產品利益，不能表現出產品的獨特之處，消費者無從區分此品牌與其他品牌的分別何在。

## 3. 訴求點過多

什麼都想說的廣告，將無法在觀眾印象中留下深刻象。廣告理論中有一個非常重要的一點，就是「只說一點（just say one）」，說好某一個特點即足夠，只要這一點對消費者有吸引力，必然可以打動消費者！

## 4. 廣告文案標語太長

太長的廣告文案標語，難於閱讀，難於記憶，不利於傳播。語言不夠精煉，會導致太長、顯得囉嗦。廣告語應簡明扼要，抓住重點，沒有多餘的廢話。簡短不至於重複，阻礙記憶和流傳。

# 參、寫作技巧

設計一部具有商業性質的廣告劇本，其中須包含有意義的故事情節，篇幅不長卻富於餘韻，具有完整的時、地、人、物等元素，目的在呈現商品的特色，令人印象深刻，進而刺激購買，達到商業利益。

首先，按以下的步驟進行分組練習，一方面可減少學生因不恐懼而產生的抗拒感；另方面也可以藉由團體的集思廣益，討論出故事的梗概。

## 一、瞭解商品屬性

先定位此支影片的屬性：是為了做促銷、宣傳還是品牌形象？訴求對象是哪一類族群？推出的時間、方式與地點為何？表達方式訴諸溫馨動人還是輕鬆幽默？思考的同時，亦必須掌握廣告的三個要素，做通盤的考量。

例如MAZDA 3於2007年推出一支《十二星座篇》影片，結合十二星座的特性，每個星座五至十五秒不等，精準呈現不同星座的個性面貌，極富生活化，人雖有百百種，但都被歸納在其中。換言之，把所有對象一網打盡。在一分二十九秒的影片中，兼具以下元素：「俏皮」（穿插天蠍的幽默）、「溫馨」（雙魚微微的甜蜜縈繞心頭）、「動人」（憨厚的巨蟹父親為了孩子將車子當成搖籃）、「易懂」（星座的個性清晰有力地傳達訊息給消費者），單純而雋永的畫面，搭襯王力宏抒情十足的歌聲，配合簡潔有力的片頭文案：「每個人都是上帝的手稿」、片尾文案：「天生驕傲・各有不凡」，整支廣告被喻為「十二次不同的感動」，無怪乎於當年度的銷售量創下極佳的業績。

## 二、構思「故事大綱」

傳播學者方蘭生說：「廣告是一種行銷，也是一種說服的藝術。」[5]故事即為最好的說服工具，「故事包裝」是一種有效的手段，人們易於被事物背後的「故事」吸引、打動，進而有所行動（消費）。小至一個logo，大至一個企業，若能以故事包裝它，給予品牌一個有溫度、有感覺的說帖，絕對會產生一種強大的說服力。

影片的故事大綱則提供了故事的脈絡、走向、主旨與精神，需

---

5　見陸劍豪譯，James B.Twitchell著，《經典廣告20：20世紀最具革命性、改變世界的20則廣告》，方蘭生〈推薦序〉，頁23。

要完善的構思,這是影片成敗的關鍵。以下事項是構思廣告故事時須掌握的原則:

㈠獨到的觀點:推陳出新,即使是重說一個舊故事亦不拾人牙慧。

㈡寓言性與象徵性:理想的廣告影片,令人看完後繼續深思回味。

㈢戲劇性衝突:即如作文講究的四字訣「起承轉合」之「轉」。

㈣情節合理:合理的情節才有說服力,結局八字箴言:「情理之內,意料之外。」

㈤首尾一氣:故事結構猶如房子的鋼筋建築,如果鬆散無力勢必無法支撐全局,結尾須能呼應起啟,得到圓融的交代。

## 三、撰寫「分場大綱」

有了故事大綱之後,接下來便可著手撰寫分場大綱。分場大綱可以先不設計對白,只要寫出每一場的大意、氛圍,純然只是把文字敘述的故事大綱轉變成「劇本」的樣貌,作為接下來寫作完整劇本的準備。

例如電視連續劇在實際撰寫時,每一集都要寫出分集大綱,每一集都要有衝突、主旨、張力。整個故事可以分為無數個「塊狀的分場大綱」[6],用意在於掌握全劇的重心,無論增、刪,都不至於失焦,可以充分掌握「故事起點」、「具象事件」、「轉捩點」、「結局」這個規則。正因為花園是由一朵朵的花構成的,集結每一個精彩的喬段,才能蔚為大觀。

有關「分場」的概念,入門者通常不易掌握,一個場次可能包含了許多個「鏡頭」,眾多鏡頭的演繹下,完成一個「場次」。

---

6　「塊狀分場大綱」一詞是由資深編劇家黃英雄老師所創始,可協助劇本寫作者掌握故事的步調。參見黃英雄,《編劇高手》(台北:書林出版社,2012年)頁26～34。

因此「分場」猶如作文的「分段」，一個段落之後方可結束這個場次。

廣告是行銷的工具和手段，行銷離不開傳播，傳播功能是廣告的最基本功能，廣告通過信息的傳播起到促進、勸服、增強、提示的作用。設計「廣告金句」時，要先從廣告的功能入手，理解廣告的消費者利益何在，廣告金句可以加強訴求，對企業、產品或服務的印象，在廣告中長期、反覆使用的簡短口號性語句，它要基於長遠的銷售利益，向消費者傳達一種長期不變的觀念。

## 肆、範例解說

在寫作電子媒體文案之前，應先大量觀摩他人的作品，所謂：「熟讀唐詩三百首，不會做詩也會吟。」生活環境就是龐大的資料庫，經驗的累積是形成創意不可或缺的要素，並且最直接的入門方式，便是先從觀賞影片著手。

由於科技發達，資訊取得容易，許多著名的電視廣告短片，可從網路取得，部分使用「微電影」方式呈現，無論其時間長短，能完整包含一個故事段落，首尾相顧，訊息明確。運用「微電影」手法來行銷產品，短短時間內能予人深刻的印象，透過故事的包裝，使產品具有濃厚的人情味，使得冷冰冰的物品被賦予了情感的溫度。有的是以製造話題為目的，有的以呈現某種社會現象來訴求，有的則想傳遞某些理念。商業廣告短片的表現手法相當多樣化，依產品推出的目的來區分，有「促銷產品」、「行銷宣傳」及「建立品牌形象」三種，表現風格各異，必須推陳出新，才能引起消費者的注意。例如：

1. **和信：《輕鬆打‧愛的選擇》篇**
　　和信電信於1999年推出的《輕鬆打‧愛的選擇》系列廣告，先以兩段續集式的影片吸引消費者注意，並捧紅了飾演「琳達」與「安琪」兩位讓人眼睛一亮的女演員，廣告商還故意舉辦票選活動，讓消費者參與男主角的抉擇，最後並將結局拍成兩個版本，成功使得這支電信廣告成為茶餘飯後討論的話題，具有行銷宣傳的目的。

2. **三菱汽車廣告：《回家的路》**
　　汽車是現代人不可或缺的交通工具，因此大都以「人性」的感覺來包裝，這支品牌形象廣告以「人性」作為訴求，以「爸爸的背是回家的路」象徵三菱汽車的車主可以回廠保養與維修，強調買的不只是「車」，更有「售後服務」與「維修通路」，增添了一項行銷的動人藉口，堪稱成功的廣告短片。

3. **大眾銀行：《夢騎士》&《母親的勇氣》**
　　《夢騎士》由台灣弘道老人福利基金會於2007年以紀錄片的方式，拍攝一群圓夢老人機車環台的故事，大眾銀行再於2010年改編成為品牌形象廣告，影片中幾位爺爺，身負疾病卻一心想圓夢的熱血，感動了許多人，也為後來上映的紀錄片《不老騎士》締造了奇佳的票房。《母親的勇氣》則刻畫一位六十四歲婦人飛到中南美洲為女兒坐月子，飛行及轉機耗費三天，不懂英文的她，所帶的中藥材被海關誤以為是違禁品，亦無法申辯。

4. **「循利寧」滴劑：《火災篇》、《聚餐篇》等**
　　每支行銷宣傳廣告在二十至三十秒之間，以簡單的對話或動作，呈現年邁長者末梢神經循環不良的現象，尤其《火災篇》的老者表現自然生動，令人印象深刻。《聚餐篇》全無對話，

最後以「腳麻的辛酸誰人知？」作結，以豐富的肢體與眼神使觀眾發出會心微笑。

### 5. 櫻花（Sakuratw）「愛‧在家系列」影片：《坐飛機的刺瓜仔湯》、《媽媽的記憶體已滿》、《比光速還快的東西》、《大人的家庭作業》

這系列品牌形象的廣告影片，每支均呈現一段家庭中發生的小故事，包含了令人動容的親情。由於產品以「家」作為消費對象，產品便成為了家庭故事的見證者與參與者，每段影片末尾以一段賦予情感的文案來點明主旨，以收畫龍點睛之效。

### 6. 《記憶月台》

金士頓（Kingston）科技股份有限公司以記憶體製造而聞名，其在2013年11月推出的這支品牌形象廣告影片，短短三天便締造了五位數的點閱率，七分三十三秒之中巧妙地把產品融入動人的情節中，深入靈魂，令人動容。更特別的是，全片是在林口片廠搭景、由台灣人作詞作曲，主題曲〈It was may〉餘音繞樑，是難得一見的微電影廣告影片。

綜觀以上這類廣告短片的呈現方式，大致應依循以下的條件：

## (一)敘事方式

影片的敘事方式，主要分為順敘、倒敘、插敘等，短短幾分鐘的微電影以順敘居多，亦有如《記憶月台》、《當不掉的記憶──88個琴鍵》這類用倒敘法來敘事，而前者的時空轉換長達四十年的時間，大開大闔的氣勢增添了影片的深厚內蘊[7]。能

---

[7] 有關「鏡頭敘述裡的時空」，可參考簡政珍，《電影閱讀美學》（台北：書林出版社，2006年），頁119～130。

深植人心的廣告，大都藉由短短時間內敘說一個「故事」[8]，有了故事包裝，產品憑添想像空間。

## ㈡具象物件

每一支影片，必然需要一個「具象」的物件，作為影片的關鍵物，若以符號學的觀點視之，此具象物件如同「符碼」，代表了一個「象徵」的意義。例如《坐飛機的刺瓜仔湯》中的「刺瓜仔」、《記憶月台》中的「隨身碟」。物品看似微小，卻具有舉足輕重的地位，它可以是劇情急轉直下的關鍵角色，也可以是商業廣告影片中最重要的商品主角。安排一個「具象物件」，可以使短片有了聚焦之處，意義重大。

## ㈢畫面語言

由於廣告影片的秒數少，畫面便顯得精煉，站在出資者的角度而言，能用最精簡的時間、最豐富的畫面語言，傳達最有效率的訊息，是廣告影片追求的目標。故影像表現手法可向文學傳統乞靈，運用文學的修辭格來呈現，如：層遞、類疊、誇飾、象徵、排比、雙關等，使人可意會而不須多加解釋[9]。例如三菱汽車以爸爸的背影象徵「回家的路」，隱喻全省維修廠的貼心與窩心；錦鋐氣密窗《一輩子生活篇》以不同年齡、不同情境下的窗戶，排比出「窗」在人生各階段扮演的角色。這種意在言外的畫面塑造，只要稍加用心揣摩，必可引人入勝，印象深刻。

---

8 電影評論家曾西霸在其《電影劇本結構析論》開宗明義便探討了「電影劇本的敘事功能」。見曾西霸，《電影劇本結構析論》（台北：五南圖書，2011年），頁3〜6。
9 文學修辭方式，見黃慶萱，《修辭學》（台北：三民書局，1990年）。

　　以上所探討的廣告短片，大致是以「微電影」的手法來呈現，但受到廣告預算、推出時機等現實考量，有些短片在推出後，必須剪輯成短短三十秒的濃縮版，因此其架構為：

問題發生　———→　產品出現　———→　問題解決

　　這類廣告短片常見於藥品類的商品廣告，如感冒藥、腸胃藥、過敏性牙膏等等，幾乎都可套用此類的編寫模式，前面先誇大問題的嚴重性，然後產品適時出現，聚焦在產品出現時的英雄營造方式，或者解決問題後的暢快如意。

　　例如Airwaves口香糖，先以「人物遇到困境，無法自在呼吸」起始（問題發生），接著讓它出現「來兩粒Airwaves口香糖」（產品出現），既而喉嚨舒爽、呼吸順暢（問題解決）。

　　又如「波蜜：一日蔬果」，以上班族進捷運站「卡在關口，不能過關」，象徵了上班族男女每日蔬果攝取量不足，「無法過身體的關」（問題發生），既而畫面出現「波蜜：一日蔬果」的產品，標榜「含有500公克蔬果榨取」，能有效達到衛生署制定的每日五百公克以上的標準（產品出現），於是上班族人手一瓶之後，均能在剪票口「輕鬆過關」（問題解決），最後字幕出現「一日所需，一瓶PASS」，鞏固消費者的觀賞印象。

## 伍、習題

1. 用分場劇本的表現形式，設計一則商業廣告短片。

　　例如：以「馬桶」作為商品標的，分別用「學生」、「上班族」、「銀髮族」三個不同族群，成為三個不同的場次，詮釋馬桶在生活中的重要性。

2. 選擇一段商業廣告短片，分析其商品屬性、所呈現的商品特色是什麼、消費者利益何在。

## 參考書目

1. 王昭國編譯：《如何發揮廣告效果》，（台北：大展出版社，1993年1月）。

2. 高渠：《電視廣告──創作學》，（台北：華視出版社，1985年11月）。

3. 陸劍豪譯、James B.Twitchell著：《經典廣告20：20世紀最具革命性、改變世界的20則廣告》，（台北：城邦文化事業，2002年10月）。

4. 黃英雄：《編劇高手》，（台北：書林出版社，2012年8月）。

5. 簡政珍《電影閱讀美學》，（台北：書林出版社，2006年6月）

6. 曾西霸：《電影劇本結構析論》，（台北：五南圖書，2011年12月）。

7. 黃慶萱：《修辭學》，（台北：三民書局，1990年12月）。

8. 劉元立著：《成功廣告影片的創意與製作》，（台北：國家出版社，2012年1月）。

9. 榮泰生：《廣告策略》，（台北，五南圖書，2000年2月）。

# 第五章
# 商品包裝文案　　姜明翰

## 壹、定義

　　商品包裝（commodity packaging）是指商品在流通過程中，為了方便運輸，保護商品不受損害，並且促進銷售，按一定的技術方法而採用各種容器、材料及輔助物等之總體名稱。也指為了上述目的而在採用容器材料和輔助物的過程中，施加一定技術方法的操作活動。人類從穴居時代，就利用獸皮和果殼等天然材料來儲存食物，為最早包裝的雛形。自工業革命以後，由於生產技術快速發展，產品成本大幅降低，包裝遂成為儲存、運載過程中的重要工作。隨著二次世界大戰結束，世界局勢趨於和平穩定，自由貿易地區經濟起飛，品牌競爭日益激烈，廠家為了拓展市場、促進商品的銷售，開始注重包裝設計，不僅加強保護性，也提升了商品的價值。

　　商品包裝的主要功用有三：

　　　1. 對商品而言，它是靜默的護衛者（silient protector）。
　　　2. 對搬運而言，它是靜默的好幫手（silient helper）。
　　　3. 對銷售而言，它是靜默的推銷員（silient salesman）。

　　保護拱衛商品的完整無損，使商品運輸順暢、快速且安全，置於貨架時烘托美化商品，增進好感，刺激消費者購買欲，進而順利銷售，即為商品包裝的整體功能。

　　包裝是商品行銷中重要的一環，可概分為個包裝、內包裝及外包裝三種基本類型：

## 一、個包裝（item packing）

是市場銷售最小的包裝單位，將商品直接裝於包裹、袋子或容器，以封緘之技術或實施之狀態，可做商品標誌及CIS視覺傳達。

## 二、內包裝（interior packing）

是指包裝商品的內部包裝，以一個或兩個以上單位予以整理包裝，目的在於保護商品，避免內容物受水分、濕氣、光熱、衝撞、擠壓等外力因素而破損，且更須有促銷商品的視覺展示效果。

## 三、外包裝（exterior packing）

是相對於上述內包裝，針對包裝之外體設計考量或包裝以外另具有之總體包裝，都可稱為「外包裝」。其目的在運輸商品過程中，施以緩衝、固定、防潮等技術，以保護商品的完好無損。

商品包裝一方面為了滿足實用上的需求而有不同的類別和造型；另外在視覺上，也應發揮美藝的功能，進而達到廣告宣傳的效果，提升銷售業績。故外觀的設計，實為不可或缺的工作。包裝設計牽涉的範圍相當廣泛，除了考量材質的輕重、堅固及環保，以便利搬運和儲存，包裝在圖文符號的設計上，也應力求創新和獨特性，才能有效達到廣告的訴求。

構成廣告的基本要素，不外文案撰寫和畫面設計。此兩者透過廣告人的創意發想，形成一個有機的組合，呈現給視聽大眾，傳達商品的訊息。如何將圖文巧妙地搭配，發揮廣告的最大效能，並非易事，需要高超的功力。廣告文案是文案撰寫人員（copy writer）把商品本身對人類生活的利益、快感、喜悅、滿足等觀點，加以評價；並將商品予人的獨特個性和印象，用文字或語言表現出來。此文字語言的表現，是基於整體行銷戰略思考，切不可隨興任意為之。以平面廣告而言，廣告文案指的是出現在廣告上的所有文字內

容；以電視廣告來說，廣告文案包括了腳本中的台詞、字幕及符號。廣告文案擔負了傳播商品訊息和說服目標視聽大眾的任務，進而刺激購買欲，提升商品銷售業績。

## 貳、撰寫方式

　　商品包裝負有廣告宣傳、提升銷售量的任務，在外觀的呈現上，基本以圖像和文案兩者搭配傳遞商品訊息。然而，在今日著重視覺圖像的流行趨勢下，廣告設計首要之務，是以圖案、色彩抓住消費者的目光，文案的地位退居次要。此一現象在商品包裝上尤為明顯，由於它特別重視外觀的質感和美術設計；相對而言，文案往往淪為配角，聊備一格而已。就廣告效果而言，商品不論是個包裝、內包裝或外包裝，所搭配的文案，較不像電視、網路、雜誌、報紙等媒體具有策略性和針對性，其主要用途在於商品的辨識性。有時為了表現商品的美觀和質感，不宜印上太多的文字，否則會造成版面的分割、細碎，使視覺效果打折，因此它所占的份量也就更少了。

　　在撰寫商品包裝文案之前，必須瞭解其主要呈現的內容，通常有下列幾種形式：

　　1. 商品品牌
　　2. 商品名稱
　　3. 標題
　　4. 內文
　　5. 精神標語
　　6. 成分、規格、使用方法及保存期限說明
　　7. 製造商和經銷商聯絡方式

　　在上列七項中，第一、二項最為重要，是讓消費者正確地辨識商品；第六、七兩項，則根據商品的屬性或政府相機構的要求註

明而加列,是屬「廣告附文」[1]。此四項不可或缺,卻都是固定、制式的文案,雖有一定程度的廣告宣傳效果,並無太多變化的餘地。一般常見的商品包裝,至少具備此四種形式的文案。至於進一步研擬商品定位、確立訴求,以符合該商品整體之廣告行銷策略,發揮廣告效應,提升銷售業績,則有賴於第三「標題」、第四「內文」、第五「精神標語」等三種文案形式。

## 一、主標題 (catch phrase)

　　不論任何媒體的廣告,無不以引人注意為首要之務。當消費者接觸到一則廣告文案時,最先注意的便是主標題,它居於最醒目的位置,以簡潔有力的敘述,宣告商品的特性與賣點,是影響消費者要不要繼續看其他廣告內容的關鍵。尤其在當今資訊龐雜的時代,幾乎每個人每天都接觸大量的文字訊息,哪些要讀,哪些不要讀,是在一瞬之間做決定的,這一瞬間,就要看主標題的文字力量如何了。因此,主標題可說是廣告文案的靈魂,通常有50～75%的廣告效果來自於主標題的力量。好的主標題是精煉的語言藝術,不但能迎合消費者的切身利益,同時也帶給消費者新的知識或引起消費者的好奇心。它必須達成以下四項功能:

㈠引起讀者注意

㈡從廣大讀者當中選出可能的消費者

㈢使讀者對內文發生興趣

㈣誘發消費者行動

　　當主標題陳述的商品訊息不夠詳細和廣告訴求不足時,便須借助副標題(sub catch)來進一步加強說明,同時將消費者的注意力

---

[1]　廣告附文相當於書信末最後的附筆(p.s),是廣告正文之後向受眾傳達廣告主的名稱、地址、電話、網頁、標誌與經銷商等訊息、促銷回執表、地址圖示等文字。另外,它也可以是折扣提醒、利益承諾等文字,往往以特別圖示標籤或顏色加以突顯。育達科技大學編輯小組,〈廣告文案〉,《應用文》(台北:洪葉文化事業有限公司,2013年),頁205～207。

引導到內文，因此副標題具有連接主標題和內文的功能，其性質猶如一道橋樑。好的副標題必須刺激消費者想繼續閱讀內文。副標題之所以有「副」字，即知它只是個配角而已，千萬不可搶了主標題的風采，以免本末倒置。字體的大小也要留意，副標題的字體必須小於主標題，大於內文。

## 二、內文（body copy）

又稱正文或主文，是廣告文案的骨肉所在，用來說明商品的詳細功能與各種利益，是廣告主最希望消費者閱讀的部分，多屬於說明性的文字，篇幅不限長短，可視商品特性與廣告主張而採平鋪直敘的性質說明；或用對話式的感性手法，呈現商品的調性與型態；也可以一故事情節的鋪陳引人入勝，加深商品的獨特印象。好的內文須清楚表達商品的優點，如有令人信服的數據或實例則更佳，宜避免過於冗長而造成枯燥乏味。

## 三、精神標語（slogan）

是廣告中長期而又反覆使用的一種簡明扼要、類似口號的短句，用來表現企業精神或商品特徵。一般公司企業若不是到了要轉換體系或年度廣告要修改之外，精神標語通常歷經數年或十幾年而不會改變。因為必須累積長久的時間，才能讓消費者有深刻的印象。在商品包裝上，精神標語的編排位置常圍繞於商標或企業名稱四周。好的精神標語特性是簡短、響亮、有趣、便於記憶、朗朗上口，能以平實的口語和有力的訴求來打動人心。

以上三個部分不一定要同時出現在商品包裝文案內，有的只有主標題和內文，有的甚至只保留一句主標題，此主標題通常亦兼具精神標語功能。要保留或刪除哪些部分，完全視商品的內容和整體設計風格而定。廣告文案結構並沒有固定不變的模式，它只是一個

功能與形式上的動機劃分，隨時可依廣告媒體與策略運用之不同而
靈活調整。

## 參、寫作技巧

　　在學習文案寫作技巧之前，必須先瞭解商品的特色，利用廣
告的「訴求」（appeal），鎖定消費族群。有了目標和方向，寫出
來的文案才能切中要點，具有說服力。廣告中的訴求是一種能讓消
費者感動、行動的東西，也是一種讓產品對消費者所具有的吸引力
與著魔似的趣味。簡言之，訴求就是金錢與物品之間的「利益交
換」，即消費者在購買商品後，可以得到什麼好處。在這交換之
中，訴求涵蓋了某些利益承諾，以及為何能履行此承諾之支撐理
由。在廣告創意發想時，必須釐清自己的訴求是什麼，並找出理由
說服所訴求的對象。

　　廣告訴求之面向與論點甚多，範圍亦廣。簡言之，可從表現手
法上區分為正面訴求（positive appeal）與反面訴求（negative ap-
peal）；或由內涵上分為感性訴求（emotional appeal）與理性訴求
（rational appeal）。

　　正面訴求即開大門、走大路，直接形容或宣揚商品的優點，告
訴消費者有何利益，為多數商品廣告所使用的一種訴求。這種訴求
較為平穩安全，不易犯錯，但缺點是容易使創意受限，落入「老王
賣瓜」之譏。反面訴求是一種逆向思考，帶有冒險、挑釁的意味。
特別是與健康、安全有關的產業，如保險、醫藥等廣告，利用人們
恐懼的心理，用威脅和恫嚇的口吻以達到其訴求。當然，運用不當
則可能引發反感，使廣告效果大打折扣。如以中秋月餅禮盒包裝為
例，如果標題為「中秋花月夜，甜蜜在心頭」，即是正面訴求；若
為「越到中秋，越難買到」，即屬反面訴求。

　　大部分的消費行為是非理性的，所以感性訴求是廣告人使用的

慣常招數，比如賣鋼琴的商家，若使用理性訴求，強調自家鋼琴使用的材質如何好，音色如何美，則銷售成績恐難有太高的期待；不如以感性為訴求，一句「學琴的孩子不會變壞」，深觸人心，父母很容易就被打動而購買。

在廣告訴求清楚正確的前提下，才可進一步作創意發想。如此產生的創意，才不致走調、變味，而能引發共鳴和回響；反之，廣告訴求模糊、不正確，勉強湊合著用，勢必效果不佳。台灣早期的廣告多局限在「商品本位主義」的框架裡，廣告文案只要會寫「全國首創……」、「最偉大的……」、「領先群倫，世界第一」……等諸如此類自賣自誇式單調空洞的詞句，使用的是最傳統的直述和對稱式的表達，往往訴求模糊不明。隨著社會一直進步與新科技不斷地發明，使得廣告的表現形式愈來愈多元，廣告文案也與時俱進，在形式與內容上求新求變，不僅傳遞商品訊息，亦呈現了時代風格與社會情緒。就創作技巧而言，除了平鋪直陳的表達方式外，還須翻空出奇，極盡語言文字變化之能事，以激發更大的思考和想像空間。

商品包裝文案多以「附文」形式呈現，偶爾添加標題或精神標語，「正文」則出現的情形很少。以下列舉常用的三種創作方式，援引標題及精神標語之經典範例說明，以供創作活用參考：

# 一、活用修辭技巧

## (一)誇飾

「誇飾」是語文中誇張鋪飾，遠超過客觀事實，使其所表達的形象情意鮮明突出，藉以加強讀者或聽眾印象的修辭方法。用於廣告之詞例如SKII知名的廣告旁白：「我每天只睡一個小時，皮膚依然晶瑩剔透。」可伶可俐洗面乳的標題：「我的臉

好油，油到可以煎蛋了。」福特嘉年華汽車文案：「後座舒適寬大，整個籃球隊坐進來也沒關係。」又如萬家香烤肉醬名句：「一家烤肉萬家香。」誇飾是一種主觀的寫作技巧，以極度形容的方式，突出形象，聳人心目，製造強烈的印象，收絕妙逗趣之效。

## (二)對比

「對比」是在語文中，將兩種相反的觀念或事物，對立比較，從而使語氣增強，意義顯明的修辭方法。用於廣告之詞例如柯尼卡軟片標語：「它傻瓜，你聰明。」許榮助保肝丸標語：「肝若好，人生是彩色的；肝若不好，人生是黑白的。」本田第二代CR-V標語：「最大的小車。」菲仕蘭優質葵花油標題：「少了油煙味，多了女人味。」又如鐵達時手錶名句：「不在乎天長地久，只在乎曾經擁有。」對比運用得當，可突顯廣告主題，令人印象深刻，是廣告圖文表現相當倚賴的創作技巧。

## (三)排比

「排比」是用結構相似的句法，接二連三地表達同範圍、同性質意象的修辭方法，至少三句以上。用於廣告之詞例如國際牌冷氣機標語：「小而冷、小而省、小而美。」三支雨傘標感冒藥標題：「好太太、好媽媽、好婆婆。」和信手機旁白：「這個月不會來，下個月不會來，以後攏嘛不會來！」又如ASUS Eee PC標語：「易學，易玩，易攜帶。」又如大毅建設文案：「慢下來，靜下來，停下來。」由於是將三個以上的類詞集合運用，節奏明快有力，形成富麗堂皇的風格，使廣告的氣勢大為增強。

## (四)雙關

「雙關」是一語同時關顧到兩種事物或兼含兩種意義的修辭方法，包括字音的諧聲、詞義的兼指、語意的暗示。運用得當，可使文字風趣、語言鮮活，常有言在此而意在彼的妙味，是廣告文案最喜愛使用的修辭技巧。

字音雙關之廣告詞例如：味全醬油標語：「媽媽的『鹹』內助。」菲夢絲瘦身標語：「曲線窈窕『非夢事』。」阿Q桶麵辣豆腐煲、砂鍋魚煲篇標題：「阿Q愛耍『煲』。」麥當勞優惠活動標題：「『雞』會成雙。」廖正豪競選標語：「廖正豪，『料』正好。」龜甲萬醬油標語：「『滷』獲全家人的胃。」又如Airwaves口香糖：「『嚼』對有精神。」詞義雙關之廣告詞例如統一AB優酪乳健康路系列標題：「請問，健康路怎麼走？」達新牌雨衣標題：「風雨中與你同行。」春風衛生紙標語：「紙有春風最溫柔。」3M博視燈標題：「不眩光，好眼光。」萬家香烤肉醬標語：「一家烤肉萬家香。」璞麗格衛生棉標語：「有格的衛生棉。」又如郭元益喜餅標語：「從裡面漂亮到外面。」雙關具有多元意涵並陳的功能，是中國語文意境表達殊勝的技巧，創意文案不可或缺。

## (五)回文

「回文」是上下兩句組的詞彙部分相同，而詞序大致相反的修辭方法，利用回環往復的句型產生韻律節奏的美感，在廣告文案中常應用於標語的創作，以收朗朗上口、易讀易記之效。例如味丹礦泉水標語：「沒事多喝水，多喝水沒事。」交通安全宣導標語：「開車不喝酒，喝酒不開車。」甲山林水公園房產廣告標題：「公園裡有家，家裡有公園。」潤泰大家房產廣告標語：「大家挑名宅，名宅挑大家。」A型肝炎防治標語：「心

肝寶貝，寶貝新肝。」晶華酒店標題：「晶華的一天，一天的菁華。」MITSUBISHI COLT標語：「輕鬆放，放輕鬆。」又如第一人壽標語：「第一人壽，人壽第一。」回文是中文裡利用漢字單音的特殊性所產生的一種修辭功夫，西方拼音文字字少可為，字多則難成。古人閒來好作回文詩，短則四句，長則百來句，足見其奧妙遠勝西文。廣告文案使用回文，雖有復古之感，但便於記憶，趣味盎然，可展現作者的創意巧思。

## (六)仿擬

「仿擬」是刻意模仿前人作品中的語句形式，甚至篇章格調，藉由原作在讀者心中早已存在的熟悉印象，引發出新的特殊旨趣，時而帶有幽默和嘲諷意味的修辭方法。現代廣告運用仿擬的例子愈來愈普遍，例如思迪麥口香糖香水篇標題：「嚼（讀）你千遍也不厭倦。」IBS牛仔褲標題：「革命尚未成功，卡其仍須流行（原文：同志仍須努力）。」湖南餐廳標題：「革命無罪，吃飯（原文：造反）有理。」中興百貨衣櫃篇標語：「三日不購衣（原文：不讀書），便覺面目可憎。」易利信行動電話標語：「和平、奮鬥、救中文（原文：救中國）。」國家地理頻道標題：「好奇（原文：我思），故我在。」《勁報》標題：「勁人有勁報（原文：好人有好報）。」又如偉士牌機車標語：「不漂亮（原文：不自由），毋寧死。」藝術原創最是困難，可偶遇而不可力強而致；在腸枯思竭之際，運用仿擬之法，蹈襲前人佳作，另生一創意，亦可發人會心，產生共鳴。

## (七)譬喻

「譬喻」是一種「借彼喻此」的修辭方法，凡兩件或兩件以上

的事物中有類似之處，說話或寫作時，以一方有類似點的事物來比擬另一方的事物，就是譬喻。例如華碩電腦標語：「華碩品質，堅若磐石。」中華豆腐標語：「慈母心，豆腐心。」中華汽車標題：「世界上最重要的一部車是爸爸的肩膀。」克寧奶粉旁白：「我以後也要長得像大樹一樣。」又如玉山銀行標題：「心清如玉，義重如山。」譬喻就是打比方，能以易知取代難懂、具體彰顯抽象。不論文案或圖像，生動巧妙的比喻是不可或缺的技巧。

## (八)鑲嵌

在語詞中，刻意插入數目字、虛字、特定字、同義或異義字來拉長文句者，是謂「鑲嵌」。在廣告文案中，常見將品牌名稱鑲嵌在標語或標題裡，是依循廣告大師大衛‧歐格威所言：「平均而論，標題比本文多五倍的閱讀力，如在標題裡未能暢所欲言，就等於浪費了80%的廣告費。……標題裡最好包括商品名稱。」[2]例如華陀雞精標語：「養生之道，盡在華陀。」八方雲集鍋貼水餃專賣店標題：「八方美味飄香，四面賓客雲集。」海尼根啤酒標語：「就是要海尼根。」麥當勞標語：「麥當勞都是為你。」美樂啤酒標語：「世間美樂事，真心真性情。」鑲嵌數字者如安怡高鈣奶粉標題：「台灣女性只攝取50%所需鈣質。」MITSUBISHI標語「drive @ earth」則是鑲嵌符號。文案中鑲嵌品牌名稱，重複誦讀，使品牌印象加深，宣傳功效加倍，宜多加運用。

---

2　鄭自隆等，〈廣告文案的培訓功夫〉，《廣告設計學》（台北：揚智文化事業有限公司，2002年），頁146。

## (九)對偶

語文中上下兩句字數相同、句法相似、平仄相對者稱「對偶」。例如新寶納多標語:「一人吃,兩人補。」格上租車標題:「閣下獨具慧眼,格上悉聽尊便。」中華民國捐血運動協會標語:「捐血一袋,救人一命。」寶島眼鏡標題:「傻瓜鏡片,聰明選擇。」賓士汽車標題:「智慧孕育和諧,典範成就感動。」又如TVBS2100全民開講標語:「堅持真相,捍衛事實。」為了方便記憶,偶化形對句式的廣告標語屢見不鮮,既順口又富韻味,易為大眾接納和喜愛。

## (十)設問

「設問」是說話行文時,將平鋪直敘的方式轉為詢問的語氣。例如奇摩站kimo標語:「你今天kimo了嗎?」達美樂披薩標語:「達美樂,打了沒?」台灣啤酒標語:「啥米尚青?」蠻牛機能飲料標語:「你累了嗎?」馬自達汽車標題:「お元気ですか?」台北銀行樂透彩旁白:「喜歡嗎?爸爸買給你。」全家便利商店標題:「今天心情幾?」3M魔布強效拖把標題:「一把抵兩把,何需瑪麗亞?」又如安麗紐崔萊深海鮭魚油膠囊標題:「你吃的是魚油還是魚雜油?」善用設問,可使文勢倒逆,頓生波瀾,使讀者精神振奮。廣告文案的溝通與說服,平板的敘述易使人昏昧乏味,突然來段問句,立刻增加張力和衝擊力,使整體的意義活絡起來。

修辭是一種歸納分析的學問,可為創作之南針和欣賞之明鑑,多學習涉獵,涵泳於文辭之美,亦人生一大享受。以上簡介十種常用的廣告修辭技巧,並各援數例為證,以見其變化多端,趣味無窮,運用之妙,存乎一心也。

## 二、援引外國語、台語及青少年用語

### ㈠外國語的運用

由於全球經濟結構的改變，「地球村」時代來臨，國際化趨勢在廣告文案上的呈現，便是融入外國語言為包裝手段，不少廣告標語混雜英文或全部以英文出之。例如「We are family.」（中國信託）、「Just do it!」（NIKE運動鞋）、「Trust me you can make it!」（媚登峰瘦身）、「現在的nobody，未來的Somebody。」（第一銀行增資卡）、「The city never sleeps」（花旗銀行）、「Everything's ok」（太平洋電信卡）、「Just call me be happy」（遠傳電信遠傳易付卡）、「Keep Walking」（Johnnie Walker）、「You A.S.O Beautiful」（阿瘦皮鞋）、「Play，不累」（黑松沙士）、「紙要Double A，萬事都OK！」（Double A多功能影印紙）。使用外語可增加流行感和新潮感，對商品本身國際形象的提升亦有幫助。

### ㈡台語的運用

近年來由於本土化運動的推行，廣告文案中常見以台語來表現在地的親切感和鄉土人情味。例如台灣省菸酒公賣局台灣啤酒旁白：「沒青嗲貢，有青才敢大聲。」西北航空標語：「你說台語嘜也通。」麒麟啤酒標語：「乎乾啦！」寶島鐘錶標語：「合味才會呷意。」全國電子標語：「全國電子，足感心ㄟ。」三洋維士比標語：「啊！福氣啦！」紐西蘭金色奇異果標語：「係金A！」波蜜果菜汁標題：「青菜底呷啦！」台灣彩券標題：「贏甲嘸知人。」挺立鈣加強錠標題：「挺立不只挺阮，也挺恁。」宏亞食品標題：「嚕加嚕好呷。」在台灣重視鄉土人情的社會，廣告方言的運用令人備感親切，容易增加好

感，使商品的普及率和購買率提升。

## ㈢青少年語彙的運用

拜網路科技發達普及之賜，青少年愈來愈有自我的主張和對事物的看法。因此，以青少年為目標消費族群的廣告，也常在文案上使用青少年的網路用語。例如EASY SHOP情人節廣告標題：「情人節最ㄅㄧㄤˋ獻禮，扮一個AV女優送給妳的阿娜答！」台灣大哥大手機費率方案標語：「我就是超愛Send！」光陽機車標語：「有夠機車！」又如台灣網路遊戲廣告標語：「殺很大！」這類語彙主要應用在年輕族群使用之商品，吸引他們喜愛進而購買。

## 三、寫作標題和標語

除了有適切的商品定位、明確的廣告訴求以及熟練的修辭技巧之外，可參考〈歐格威廣告文案準則〉，以避免不必要的錯誤：

1. 平均而論，標題比本文多五倍的閱讀力。如在標題裡未能暢所欲言，就等於浪費了80%的廣告費。
2. 標題向消費者承諾其所能獲得的利益，這個利益就是商品所具備的基本效果。
3. 要把最大的消息貫注於標題當中。
4. 標題裡最好包括商品名稱。
5. 唯有富有魄力的標題，才能引導閱讀副標題及本文。
6. 從推銷而言，較長的標題比詞不達意的短標題更有說服力。
7. 不要寫強迫消費者研讀本文後才能瞭解整個內容的標題。
8. 不要寫迷陣式的標題。
9. 使用適合於商品訴求對象的語調。

10.使用情緒上、氣氛上具有衝擊力的語調，如心肝、幸福的、愛、金錢、結婚、家庭、嬰兒等。

大衛・歐格威，曾被稱為「廣告怪傑」，現在已經成為了舉世聞名的「廣告教父」（又稱廣告教皇，"The Father of Advertising"），其創辦的奧美廣告公司今天已成為世界上最大的廣告公司是之一。歐格威在上個世紀執全球廣告之牛耳，一言而為天下法，被奉為金科玉律。然而，進入二十一世紀後，因應廣告生態的劇烈變化，其若干準則在今日已未必適用，如上列第六、七、八條，都有再商榷的必要，其餘則仍具參考價值，從事文案寫作不可不辨。

## 肆、範例解說

### 一、比利時GODIVA巧克力

商品包裝文案有一明顯趨勢：愈是強調質感、高級感、高價位、第一品牌的商品，其文案通常愈來愈少。若以華人觀點而言，也許是崇洋心理作祟，商品印上英文的質感比印上中文來得佳，也比較高級。高級商品包裝的字體通常安排典雅造型，版面設計簡潔，色調一致，留白增多，盡可能避免視覺上的混亂。如此的設計理念已成為通則，屢見不鮮。如比利時知名品牌GODIVA巧克力，風行世界各地，乃巧克力中的精品，走高價位路線，為呈現品牌價值及商品質感，其包裝外觀設計簡潔，文案僅品牌名稱和名稱下方Belgium 1926字樣。這類高級商品的文案工作簡單省事，不須花太多心思。

## 二、統一7-11 CITY CAFE

統一超商販售的現沖咖啡CITY CAFÉ，包裝設計非常簡潔，白色紙杯印上商標圖案和標準字名稱，為主要表達訊息。此外，它在圖案和標準字下方加印精神標語：「在城市，探索城事。」這兩句以感性為訴求，不僅把商品名稱的譯文「城市」嵌入，有助於加深品牌印象；且利用「城市」和「城事」的諧音，創造順口、流暢之感，訴求都會生活族群，從一杯咖啡展開探索城市之旅，予人光明正向、朝氣蓬勃之感。

### 三、Airwaves超涼薄荷口香糖

　　Airwaves是國內暢銷知名的口香糖品牌，以超涼薄荷口味為主打商品。在設計上以藍色基調表現清涼冷冽之感，包裝正反面皆有全名英文標準字作為標題，其下加上精神標語，正面為REFRESH YOUR MIND，反面譯為「嚼對有精神」，其餘如「超值包」三字、製造商及商品成分相關資訊皆是所謂「附文」。此例文案最有力傳神者為「嚼對有精神」，以「絕對」、「嚼對」兩者的諧音雙關，訴求商品提振精神的功能，頗見作者巧思匠心。

### 四、花王一匙靈制菌超濃縮洗衣粉

　　一般商品包裝文案，以商品名稱加上附文資訊的情形最普遍；再加精神標語者則不多見；至於有商品名稱、附文、標題、精神標

語及內文者，則較為稀少，以功能性商品占大宗。

　　如一匙靈制菌超濃縮洗衣粉的外包裝，正面文案有商品名稱「一匙靈制菌」、精神標語「只要一匙，淨白透亮好潔淨」，以及附文「亮白，除菌，除垢」、「3D超淨力」、「易溶解配方」等。反面文案則有標題「3D超淨力，淨白透亮好潔淨」、副標題「深層除垢配方，全方位瓦解頑垢、細菌」，以及「雙效生物科技……」、「洗淨同時除菌……」等兩段內文。總觀全文，可發現許多內容重複，作者無非是想不斷強調該商品的強大效能。

## 伍、習題

1. 列舉五項生活日用品，分析其廣告訴求，運用修辭技巧創作符合訴求的標題或精神標語。

2. 參照下圖「統一純喫茶紅茶」商品，改寫其包裝上所需文案，包括正面商品名稱、中英文精神標語、側面標題及內文、附文（轉引原文即可）。

## 參考書目

1. 育達科技大學編輯小組：《應用文》，（台北：洪葉文化事業有限公司，2013年）。

2. 鄭自隆、樊志育：《廣告設計學》，（台北：揚智文化事業有限公司，2002年）。

# 第六章
# 活動企劃文案　　　陳敬介

## 壹、定義

　　什麼是「企劃」？有相關企劃書撰寫的書籍指出，「企劃就是關於『企業的策劃』」，這明顯是望文生義的錯誤。

　　「企」，原義為跂起腳跟。《漢書・高帝紀》：「日夜企而望歸。」引申有「高瞻遠矚」之意。

　　「劃」與「畫」，有何不同？「劃」，原有「用尖刀分開」的割裂之義，引申為「齊一」、「一律」，如「籌劃」，均作動詞講。「畫」，亦有「劃分」之義，如《左傳・襄公四年》：「芒芒禹跡，畫為九州。」亦有「謀畫」、「計策」之義，如《史記・淮陰侯傳》：「言不聽，畫不用，故倍（背）楚而歸漢。」據《台北市政府公文製作參考手冊》（第2版）：「計劃，名詞用畫；策劃、規劃、擘劃，動詞用劃。」綜上所述，則所謂「企劃」即是一種「高瞻遠矚的規劃」。

　　整體而言，企劃是廣告學、統計學、行銷學、公共關係、傳播新聞、會計等等的綜合學科；更是市調、平面設計、展場規劃、商品行銷、預算規劃及文案寫作的職能整合。一個稱職的企劃人員必須兼顧以上多方面的知能，如此才能撰寫並執行一個在短時間內整合人力、財力、物力與各項資源，並加以分配與運用，進而獲致成果的企劃書。

　　就實務上看，企劃書可分為「提案企劃書」與「執行企劃書」兩種。提案企劃書是針對活動目的與預期成效提出的規劃與說明；執行企劃書則是在提案企劃書通過審查後，針對其內容及相關流程

提出執行的策略、方式與步驟。

　　而所謂文案，一般是為了宣傳商品、企業、主張或想法，在報章雜誌、海報等平面媒體或電子媒體的圖像廣告、電視廣告、網頁橫幅等使用的文稿或以此為業的人。大部分文案是組織內部的僱員，包括廣告公司、公關公司、公司的廣告部門、大型商店、營售公司、廣播公司、有線電視供應商，新聞業者、圖書出版商、雜誌業者等。文案撰稿人也可以是自由契約的獨立工作室，以承接各種客戶的委託案。

　　本章討論對象為「提案企劃書」，討論重點為企劃書的「文案」寫作部分。故而對於如何分析活動企劃執行者、徵案單位的現有資源，以及如何針對有限人力、物力與財力加以規劃、整合，並對每個時間點、事件點、人力點做最好的掌握與妥善運用等面向就略而不談，主要聚焦在討論如何提升提案企劃書中的撰文力。

## 貳、撰寫方式

　　提案企劃書的閱讀對象，往往是公私單位的審查委員、主管或者是業主，但不論審查者是誰，在參與提案之前，提案單位必須詳讀公告之提案原則等相關規範。以下即節錄〈客家委員會「2016客庄12大節慶」計畫書〉部分重點為例：

一、說明：

　　為打造「客庄12大節慶」新亮點，本計畫採競爭型機制，重點扶植具客家文化內涵、建構榮耀認同與創造傳播、帶動周邊產業經濟發展之優質活動，以彰顯「客庄12大節慶」品牌魅力，永續發展台灣客家節慶並創造榮景。

二、參與單位：直轄市、縣（市）政府、鄉（鎮、市、區）公所及立案之民間社團等。

三、提案原則及計畫類型：

　　㈠提案原則

　　　　1.計畫執行前，應邀集產、官、學、研領域人員及青年（含團體）組成「活動規劃委員會」，蒐集資料與多方建言，擬定活動主軸方向。

　　　　2.成立活動推動小組，整合及協調相關資源，具體執行計畫。

　　　　3.活動設計應運用客家文化元素、景觀、美感教育與生活美學，彰顯及深化在地人文特色。

　　　　4.引用青年創新節慶活動，吸引青年參與，提升在地人文體驗、文化傳承與節慶知名度。

　　㈡補助原則

　　　　1.運用在地資源發揚客家文化並具教育意義之內涵，帶動及發展多元文化，提升節慶能見度，最高補助新台幣五百萬元；如能塑造客家節慶品牌形象，及國際亮點之條件與潛力，經審查列為旗艦型計畫，最高補助上限為新台幣八百萬元。

　　　　2.計畫執行內容對客家文化政策整體推動及發展，具有重大效益者，不受上述補助限制。

四、節慶內容：

　　㈠提案單位應鼓勵青年參與，並自行訂定節慶內容所占比例，俾利本會審核參考及指定補助項目及金額。內容說明如下：

　　　　1.歲時慶典：客庄地區或客家聚落依據歲時節令舉辦具傳統意義及在地特色之活動。

　　　　2.宗教民俗：具有歷史祭典科儀，並深植民眾生活習慣、融入客家文化禮俗之活動。

　　　3.文化藝術：以創意演繹客家傳統或在地特色文化之藝
　　　　文表演活動。

　　　4.其他：特殊活動。

　　㈡「全國客家日」、「六堆運動會」、「客家桐花祭」、
　　　「客家傳統戲曲收冬戲」另有專案審查機制，不在此
　　　列。

五、審查作業：

　　㈠審查基準：

　　　1.節慶在地性、發展性及客家文化加值可行性【占
　　　　35%】。

　　　2.活動內涵與節慶內容比例相符性【占20%】。

　　　3.青年參與程度【占15%】。

　　　4.行銷策略【占15%】。

　　　5.經費編列之合理性【占10%】。

　　㈡審查方式：分為「初審」、「複審」及「決審」。

　　　1.初審：針對申請計畫書格式、內容及附件等要項，進
　　　　行審查，逾時交件及資料不全，均不予受理。

　　　2.複審：

　　　　⑴進入複審案件，將依提案單位檢附之網路票選資
　　　　　料，上傳至本會網站進行票選活動（占20%）。

　　　　⑵由本會及專家學者、青年代表共計十一位組成遴選
　　　　　小組進行審查（占80%）。

　　　　⑶複審分數達合格分數八十分，推薦進入決審。

　　　3.決審：

　　　　⑴決審會議預定於104年10月召開，得視需要邀請決
　　　　　審獲選單位（含青年團體）進行簡報及答詢。

　　　　⑵依據審查基準複核分數，提議是否入選為客家節
　　　　　慶。

由此可知，本企劃案的規劃及撰寫重點即在⑴節慶在地性、發展性及客家文化加值可行性【占35%】；⑵活動內涵與節慶內容比例相符性【占20%】；⑶青年參與程度【占15%】；⑷行銷策略【占15%】等四大項，文案的撰寫自然也需配合及強調這些部分。

活動通常是根據企劃書進行的，因此如果企劃書擬定的不夠詳細、完整，那麼再出色的創意與文案也無法得到預期的效果。而一個完整的活動企劃應該從一開始活動的宣傳策略、籌備進度到最後的活動執行三個階段，每個環節與細節都需要在企劃時事前考慮，甚至對於預期可能發生的情況都能夠提出一套解決的辦法；如此，在執行企劃案時才能不慌不忙、按部就班地進行。撰寫企劃文案前，須先掌握活動企劃書的基本結構，大致可分為下列幾項：

1. 封面
2. 目次
3. 活動名稱
4. 企劃的宗旨、目的與預期效果
5. 活動日期、地點
6. 主、協辦單位與贊助單位
7. 活動對象
8. 宣傳策略與實施方式
9. 預期困難點與解決策略
10. 相關人員或單位配合、協助事項與負責人
11. 活動流程與負責人
12. 預算評估表
13. 人力職務分配表與聯絡方式
14. 物品道具表
15. 時程進度表
16. 其他備案
17. 附錄

至於活動企劃書的內容與文案有關的重點之處大致有：

## ⑴封面設計與活動名稱

一個活動的執行往往需要相關單位的配合與協助，而且，不論是公司內部或是對外的競標提案，企劃書不僅僅是活動內容的籌劃，更須面對相關單位主管的審閱，或是審查委員的嚴峻查核方能進入執行階段，這時企劃書的封面與標題，作為整本企劃書的門面而言，就如同一本新書的命名一樣重要，必須能讓主管及審查單位眼睛為之一亮，期待瞭解這個企劃書的規劃重點與執行細節。故而活動企劃書除了內容縝密詳實的規劃之外，更重要的是整體活動的創意發想，這個創意往往會具體而微或聚焦在活動名稱的命名，它不僅是企劃書的亮點，當活動進入宣傳期時，更要擔負起抓住預期參與者注意與讚嘆的重責大任。

## ⑵宗旨、目的與預期的效果

此部分主要在說明這個活動實施的原初宗旨與目的，以及實施對象、預期達到的效果。撰寫時須掌握「緣起─過程─結果」三階段的合理性、流暢性與適切性的論述，尤其不可偏離活動宗旨與目的、過度膨脹誇大預期效果，必須考量整體預算規模及活動架構，否則自吹自擂，只會讓審查者產生浮誇及不切實際之感，又如何能信任該團隊能否負責務實的將活動圓滿執行呢？

總之，在撰寫活動企劃書之前，應該先掌握活動內容及參與對象的年齡層與背景，然後規劃出適合整個活動的調性及內容，而文案的標題、副標、正文甚至標語口號，更是立基於此的整合性創作。

# 參、寫作技巧

　　寫作是一門藝術。文案寫作除了考量藝術性之外，更須兼顧其商業性及廣告性。活動企劃書的內涵及其提案與執行是一個既連動又緊密的結合體。對外而言，活動企劃的文案具有絕對的廣告性質，對內則具有執行團隊共同理念的凝聚與實踐；這又與一般文學性、主觀性的寫作不同。因此，文案寫作者必須根據閱讀對象（審查委員、業主、活動參與者等）及閱讀背景（書審階段、提案階段、宣傳階段等）的變化做預期性的思考方能進行寫作。

　　然而，從寫作的本質言，文案寫作仍立基於文字表達的基本能力上：1.文筆通順，主題明確；2.標點符號，運用正確；3.文句段落，邏輯合理；4.嚴禁錯字，仔細校對。

　　其次，文案不是「為賦新詞強說愁」的抒情文，也不是「文起八代之衰」的論說文，而是目標策略明確的創意標題、精煉短文、警醒標語。你必須忘卻自己！卻必須精準掌握市場脈動和客戶及預期參與客群的心理，文案能引領風潮、創造議題、獲得認同，那就是一個成功的活動企劃文案。以下進一步闡論活動企劃文案寫作的技巧與要點：

## 一、創意領航

　　創意不是憑空的想像，而是在文化積累過程中，一種既承續又開新的創造性思維。它和慣性思維最大的不同在於創造性思維沒有一個固定的模式或特定的方法與標準，有人認為像佛教禪宗（南禪）的「頓悟」，是一種靈光乍現的狀態。其實，在「頓悟」之前，往往有一段漫長的「漸修」之路。成功的活動文案創意發想，亦有其豐富的文化底蘊做基礎，不是表面的文字遊戲而已。大衛‧奧格威曾說過：「顧客不可能因為看到無聊或無趣的文案或廣告，而跑去購買你的產品。」由此可見，文案沒有創意，就不會有產生

動人的力量。此外，「3W1H」的思考模式，更是創意發想前須明確掌握的思考要件；所謂「3W」是指「Who，對誰說」：即你的目標訴求者是誰？「Why，為何說」：即你希望消費者看了產生何種行為？「What，說什麼」：即要傳達的主題訊息有哪些？最需要強化的是什麼？而「1H」是指「how，如何說」：即用什麼手法表達，能讓人產生高度的閱讀興趣。

## 二、文約義豐

「文約義豐」之意，就是文字簡約，意義豐富。一般談文案寫作，因為傳播媒體的特性，不論是平面報紙、雜誌、海報、傳單，或是電視、網路等，它的表現形式均有空間及時間上的限制，「簡約」便成為重要的準則之一。然而，形式上的簡約也許容易做到，兼顧意義的完整，那就有一定的難度了。以下試從幾個角度來探討：

㈠簡化結構： 1.從結構來看，活動企劃的文案主要包括活動名稱、副標題、正文、廣告口號四部分；但在活動進入廣告階段時，考慮到海報尺寸及其他文宣品的限制，為求更好的傳播效果，主文案應該只包含標題和副標二部分，其他如主協辦及贊助單位、聯繫報名方式等均為輔助文案。 2.從重要性來看，活動名稱最為重要，引導性的正文（可參酌活動宗旨等內容）是文案中應該突出的關鍵內容；尤其是活動名稱，承擔著吸引消費者注意力的重任；引導性正文則負責詳細介紹活動性質和內容，在消費者被活動名稱吸引後，及時給予具體資訊，使文案發揮整體戰力，真正打動消費者，才會進一步瞭解活動進行時間地點和聯繫方式等。因此，在文案撰寫和設計的過程中，這些次要的資訊不能喧賓奪主，應該讓位於主文案。

㈡突出重點：作為文案撰寫人員，還需要明確的是廣告文案應該

表達企業最想傳遞給消費者的訊息，且訊息量不宜過多。什麼都想說的廣告最終結果只有一個，就是所有訊息都淹沒了，消費者什麼訊息都沒有接收到。對於網路廣告尤其如此，當一則廣告中傳遞的廣告主題超過三條，無論設計上如何突顯關鍵訊息，對於讓消費者迅速注意和記憶廣告重點都會造成更多的干擾。

因此，我們認為一則吸引消費者注意力的好文案，只須兩句話：一句作為標題，吸引消費者或傳遞最具競爭力的訊息；一句作為描述，詳細介紹活動或突顯關鍵內容即可。

(三)刪減冗贅：文案不同於寫文章，活動名稱往往是最精煉的語言或最關鍵的詞彙，清晰表達出活動主題為要，一般是一句主標題，頂多增加一句副標。因此精簡文案非常關鍵的一步就是刪減正文（引導文字）中不必要的句字，或再提煉文案中最關鍵的主題。至於如何刪減不必要的文字、詞語，可注意以下幾點：1.前後重複的詞語；2.可用更短詞彙代替的詞語；3.不必要的修飾語；4.不影響句子表意的其他詞彙等；5.使用關鍵詞來代替整句話，使文案看起來更加精煉。研究表明，相較於長句，短句、斷句更有利於用戶對廣告的閱讀和記憶。

(四)意味豐饒：大衛‧奧格威指出：「每個標題都應帶出產品給潛在買主自身利益（self-interest）的承諾。……始終注意在標題中加入新的信息（news）。……其他會產生良好效果的字眼是：如何、突然、當今、宣布、引進、就在此地、最新到貨、重大發展、改進、驚人、轟動一時、了不起、劃時代、令人嘆為觀止、奇蹟、魔力、奉獻、快捷、簡易、需求、挑戰、奉勸、實情、比較、廉價、從速、最後機會等等。……標題裡加進一些充滿感情的字就可以起到加強的作用，比如親愛的、愛、怕、

引以為傲、朋友、寶貝等等。」[1]簡言之，就是站在活動參與者的角度思考，不論是文藝活動、行銷活動、健身活動、趣味活動等，套句大家耳熟能詳的廣告語──「科技始終來自人性」，活動的企劃，其需求亦來自人性，則意味豐饒的標題與正文，亦將是立基於人性需求上的創造。

## 三、巧妙修辭

　　修辭格的運用，是一種積極的寫作技巧，它使文字從通順的基本要求，進入到巧妙的層次；它不僅讓人明白其傳達的意義，更成為注目的焦點，樂於口耳相傳、讚嘆雋永的文辭；標題與正文內容的寫作，至此也臻入藝術之境。一般文案寫作常見的修辭技巧大致有以下幾種：㈠雙關：雙關又分「諧音雙關」與「詞義雙關」，可產生意在言外或弦外之音的趣味。㈡排比：因為中文單音獨體的特質，使用排比的句型，將產生一種形式與節奏結合的美感。㈢譬喻與借喻的使用，可使抽象的思維或理念變得具體可感，刺激讀者更多的想像趣味。㈣仿擬：模仿流行的、名人的言論，但改變舊有的意義，可產生同工而異曲的妙趣。㈤回文或重組：文字的閱讀順序及字詞的重新組合一旦改變，即能產生新意，使閱讀者不只閱讀，還能悅讀，甚至「越讀」（創造多元領域連結的閱讀空間）。㈥對比：意義內涵的差異對照，可產生強烈的張力，引人深思。

---

1　〔美〕大衛‧奧格威，《一個廣告人的告白》（北京：中信出版社，2008年），頁132。

# 肆、範例解說

## 一、【2015客家桐花祭網站】

**關於桐花祭　桐花‧客家‧緣**

　　每年春夏交替之際，台灣彰化以北山區、東部的花蓮、台東，到處都可以欣賞到油桐花滿山遍布的雪白美景，尤其是桃園、新竹、苗栗一帶客家庄四、五月更是白雪紛飛，形成台灣最美的風景。

　　客家人經歷兩三百年「開山打林」的歷史，滿山遍野的油桐樹，曾是客家人早年重要的經濟作物，所以油桐樹與客家人的淵源相當深厚。

　　油桐生命力強，也被用來描述性格節儉、堅毅的客家人。隨著時代變遷，油桐樹的經濟價值不復存在，但是強勁的生命力，仍在山林間隨春日時節花開花落，爲客家庄的經濟變遷做最好的見證。也如同歷經多次遷徙的客家民族，在面對不同環境的淬煉中，總是堅守根本、堅持創新。

**台灣最盛大美麗的花節──客家桐花祭**

　　台灣客家桐花的嘉年華會，在春夏交替之際，桐花滿山遍野綻放，一朵朵白皙嬌柔的油桐花繽紛盛開在樹上，爲翠綠的山區添上新裝。沿著台3線、北二高，我們看見白靄靄的山頭，會驚訝如此的美景，卻未曾駐足欣賞，但是透過客家桐花祭的舉辦，桐花的花開花落有了不同的意義。

　　桐花祭以雪白桐花爲意象，傳遞客家人敬天地、重山林之傳統，更以桐花、山林之美爲表，客家文化、歷史人文爲核心，展現客家絕代風華。油桐強韌的生命力，恰如客家人的硬頸精神。每年桐花盛開之際，期待「客家桐花祭」與您開一扇「任意門」，共下來尞。

　　本則範例首先要注意的，這是則刊登於網站的活動文案，屬於活動企畫執行階段的文宣性質。

　　主標題：2015客家桐花祭網站，純粹說明時間與活動名稱。

　　第一次標題：「關於桐花祭　桐花‧客家‧緣」，有些關鍵詞的引導作用，此節內容分三段，大致上按三個層次表現，首先談到桐花所植的地理位置；其次談客家與桐花連結的歷史淵源；最後彰顯桐花所代表的客家精神。整體而言有切合到「緣」的意境。

　　第二次標題：標舉「台灣最盛大美麗的花節～客家桐花節」；此標題頗佳，承上節所言聚焦在客家桐花的部分。

　　其實整合這兩大節來看，第一節第一段可與第二節第一段整合刪減，第二次標題調為第一個次標題，「台灣最盛大美麗的花節～客家桐花祭」，應該更有吸引力。

　　第一節的第二、三段再與第二節第二段整合刪減，標題只要「桐花‧客家‧緣」即可，這是就前面所說的，簡化結構、刪減冗贅，但亦可達到意味豐饒的效果，同學不妨嘗試調整。

## 二、2015台北詩歌節——詩的公轉運動

　　台北自2000年開始舉辦詩歌節，逐漸發展出以親民性、多樣性、跨界性為特質；它不是以詩人聯誼為主的聚會活動，而是以詩為核心的跨領域藝術節。同時兼顧國際與本土、知識與美學，並與日常的文化教育、台北其他文學藝術活動，相互呼應，組織成城市文化的重要內涵。自轉有情，公轉有力，詩本是動的產物，也具備強大動能，能推動更多心轉出詩意。

　　2015年，台北詩歌節提倡「詩的公轉運動」，邀請大師級詩人阿多尼斯，以及來自日本、香港、中國、馬其頓、法國、英國等地詩人學者，和本地創作人共襄盛舉，並規劃一系列講座與跨領域展演，從咖啡館到書店，從廳堂到街頭，看見詩公轉的可能，領會

詩燎原的過癮。城市各處蟄伏自轉的詩人與愛詩人啊，請一起來公轉，我們會擁有更大的心，更響亮的風聲，鼓起這座城市的帆，把更多人拉上城市方舟，轉出壯闊新世界。

　　台北詩歌節是行之有年的活動，如同上例客家桐花祭一般，不同的是，台北詩歌節每年都有一個全新的主題，相較於桐花祭的活動文宣，自然是吸睛許多；更何況這個活動名稱：「詩的公轉運動」，頗有創意。如前所說：「這個創意會具體而微或聚焦在活動名稱的命名，它不僅是企劃書的亮點，當活動進入宣傳期時，更要擔負起抓住預期參與者注意與讚嘆的重責大任。」這個活動名稱算有達標。

　　其次是對於預期參與者的掌握，詩歌節的參與者大多以青年學子或文化質感較深厚者為主，因此其文案文字有一定的文學性是必然而不是偶然。如「自轉有情，公轉有力，詩本是動的產物，也具備強大動能，能推動更多心轉出詩意。」便是很有力的詮釋文字，對於會著魔於文字的文青而言，有其致命的吸引力。

## 三、2013好漢玩字節

　　官方網站：活動副標題「親字報導——第一手玩字訊息　感受漢字變化萬千」

　　子活動名稱標題：「好漢聽講座」

　　子活動說明正文：

從手繪、書道、篆刻、印刷及其書體變化的可能性，

以體現漢字文化的思維模式、審美觀點、人生觀及價值觀。

　　子活動內容：「漢字設計・設計漢字」、「古漢字的文創藝術」、「大奸大才寫大字」、「如氧氣的文字——『空明朝』製作故事」

　　高雄駁二藝術特區的好漢玩字節,亦逐漸形成一種文字展演的特殊方式與活動。是文字遊戲的極致表現。活動名稱就深具創意,是「好漢玩字」還是「漢字好玩」,或者兩者皆是,充滿類似回文的異趣與想像,而「好漢」兩字更點出駁二碼頭的在地性與生活精神。而子活動的標題也頗有趣味,如「親字報導」、「好漢聽講座」,有諧音及示現的修辭效果,均為成功活動文案的命名範例。

圖一　2013好漢玩字節

# 伍、習題

1. 請為雲林古坑咖啡節擬定活動名稱及三百字以內說明文案。
2. 宜蘭童玩節已行之多年,請參酌往年的活動標題及宣傳文案,重新擬定一個具有創新與吸引力的活動標題與文案。

3. 你對於下列「十個遊民的自我行銷活動標語」有何看法？你要
　擬定怎樣的文案標語來廣告自己？

## 十個遊民的自我行銷活動標語

1. 「幹麼說謊？我要錢就是為了要買啤酒！」
　學得教訓：童叟無欺
2. 「我是時空旅行者，需要錢來買時光機的電池」
　學得教訓：讓讀者發揮想像
3. 「我醜到不能賣淫、笨到不會偷：）」
　學得教訓：不要吹噓
4. 「我上個禮拜跟林賽蘿涵上床，請幫助我」
　學得教訓：善用影劇名人
5. 「遊民比爾需要有錢女人」
　學得教訓：直截了當
6. 「我賭你一定無法用25分硬幣丟到我」
　學得教訓：不要害怕創新
7. 「付我1.99美元，我任你濫罵」
　學得教訓：表現謙虛
8. 「對抗遊民恐懼症」
　學得教訓：對人發揮同理心
9. 「bla bla bla…錢
　bla bla bla…食物
　bla bla bla 反正也沒人在讀牌子」
　學得教訓：人們其實沒有那麼在意你的文案
10. 「我的家人被忍者綁架了，需要錢學空手道」
　學得教訓：如果你不知道要說什麼，那就搞笑吧

# 參考書目

1. 企劃王：《企劃高手不告訴你的47個提案技巧》，（台北：意識文化有限公司，2010年12月）。

2. 小川仁志著，劉錦秀譯：《這麼動人的句子，是怎麼想出來的？》，（台北：大是文化有限公司，2014年2月）。

3. 流川美加・師瑞德：《第一次做企劃就上手》，（台北：易富文化，2009年11月）。

4. 馬克馮・艾克：《好企劃一頁剛剛好：簡單四步驟OGSM，再複雜的計劃，都能說清楚》，（台北：三采文化，2015年10月）。

5. 羅伯特・布萊：《文案大師教你精準勸敗術：第一次行銷寫作，你如何找出熱賣語感與動人用字？》，（台北：大寫文化，2012年11月）。

6. 安迪・麥斯蘭：《寫出銷售力：業務、行銷、廣告文案撰寫人之必備銷售寫作指南》，（台北：經濟新潮社，2008年4月）。

7. 沈謙：《修辭學》，（台北：空中大學出版社，2006年7月）。

8. 邱順應：《廣告修辭新論：從創意策略到文圖實踐》，（台北：智勝文化，2013年4月）。

9. 萊恩・休斯：《好創意！文化才是王道：150則成功溝通直達人心的創意思考術》，（台北：奇光文化，2014年4月）。

10. 馬里奧・普瑞肯：《創意CEO：行銷、廣告、媒體、設計的創意管理》，（台北：奇光文化，2014年1月）。

第七章
# 網路文案
朱家偉

## 壹、定義

### 一、何謂網路文案？

　　近年來由於網路活動日趨發達與普遍，網路成為訊息傳播的一種新型態媒體，甚至於更加超越傳統媒體，加上透過網路進行訊息傳播不受時空的限制，同時又能具備文字、圖像、影片、聲音等等多媒體的元素，因此網路文案遂成為文案呈現的一種新型態。就其定義而言，舉凡透過網路傳遞的文案皆可稱為「網路文案」。構成網路文案基本上有三個要素：文案本身的內容、文案呈現的載體、文案傳播的平台。

　　所謂「文案呈現的載體」，指的是文案在什麼樣的顯示裝置呈現，例如手持裝置（手機、平板電腦）的小螢幕或桌上型裝置（筆記型電腦、個人電腦）較大的螢幕。由於文案在不同尺寸大小的顯示裝置上，呈現的方式與所受的限制不同，因此文案呈現的載體在文案設計時也就成為一個重要的因素。

　　另一個要素就是文案傳播的平台。文案透過不同功能類型的平台進行傳播，然而這些平台則是相當多元，例如以商業目的為主的電子商務網站、以社交功能為主的社群網站、以即時通訊為主的通訊軟體，或是以訊息交換為主的電子郵件等。

　　文案在不同功能類型的平台上傳播，其文案本身的目的，自然也就不同。在商業網站上傳遞的文案，自然是以行銷與廣告為主要目的；個人在自己的Facebook或部落格所發表的文章，有的僅是個

人對於事物觀點的闡述，以便與朋友或大眾分享。但有時候這些所謂的「分享文」，例如大啖美食與四處旅遊的文章，也會產生間接行銷的功能，也算是一種文案。

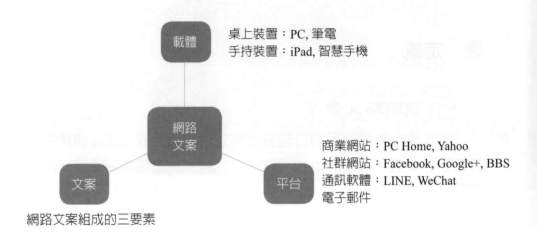

載體　桌上裝置：PC, 筆電
　　　手持裝置：iPad, 智慧手機

網路文案

商業網站：PC Home, Yahoo
社群網站：Facebook, Google+, BBS
通訊軟體：LINE, WeChat
電子郵件

文案　　　平台

網路文案組成的三要素

## 二、網路文案的特性

　　由於文案透過網路平台來傳播，這種新型態的傳播平台與傳統以印刷輸出的型態不同，網路文案也因為結合了網路媒體的特性而與傳統型態有所不同，以下列舉網路文案的主要特性並加以說明。

## ㈠兩段式呈現

有些型態的網路文案，受限於傳播載體的視窗大小或是版面編排方式，會有所謂兩段式呈現的方式。例如在手機螢幕上看到的廣告文案，版面的呈現受限於螢幕尺寸，通常是一則則條列式的廣告標題。第一階段由使用者點選感興趣的標題，第二階段才會進入另一個頁面，看見詳細的文案內容。反觀傳統的文案，例如紙本的廣告DM，讀者在閱讀時能一眼就看到顯著的標題，但同時也能看到文案的內文或圖片，屬於一次性的完全呈現。

截圖來源：Hinet

如上圖所示，附掛在焦點財經新聞下的廣告也是採用條列式，先以簡潔的文字吸引使用者點選後，並進一步探索該商品的詳細訊息。

## ㈡標題首重簡潔與吸引力

網路文案的標題是吸引讀者閱讀文案內文的第一個關鍵，本書各章所介紹不同型態的文案，其標題都是扮演一個相當重要的角色。然而，在上述介紹「兩段式呈現」特性時提到，網路文案的呈現，往往受限於小螢幕或同時間需要呈現大量廣告，因此只能先呈現一則簡短的標題。由此可知，網路文案的標題就顯得格外地重要，如何寫出具有吸引力的標題，抓住使用者的目光，更是寫好網路文案的關鍵成功因素。標題若無法吸引讀者，文案內文即使寫得再好也沒有用，因為讀者根本不會點選進入閱讀。如上圖所示，該廣告文案則是以申辦（光世代）好禮贈品來吸引消費者做進一步的點選，進而了解該商品詳細訊息。

## ㈢多媒體效果

網路上的訊息傳遞為數位化的資料，所以這些資料自然能以多媒體的型態呈現。傳統以文字為主的文案，在透過網路媒體的傳遞下，可用圖像或影像來取代文字的傳遞。傳統文案的成敗，關鍵在文案撰寫的技巧。在網路多媒體的時代，我們則可藉由圖像與影像的使用，增加文案的吸引力，或甚而取代文字意念的傳達。

## ㈣具互動性

網路文案在不同功能型態的平台上傳播，其所能展現的互動性亦不相同。舉例來說，在Facebook上的行銷文案，讀者可以透過按讚或留言與文案本身進行互動；透過留言內容，廣告主便能清楚地明白大眾的想法。

另外，在商業網站上的某個廣告文案橫幅，亦可透過伺服器來統計點擊率，也能進而看出該廣告文案受大眾關注的程度。其他文案傳播型態的方式，例如DM、電視廣告、廣播行銷則多是單向式的傳播，無法即時獲取大眾的想法。

## 三、網路文案與傳統文案的異同

在上一節中我們介紹了網路文案的許多特性，在這些特性中我們看到了網路文案與其他不同型態文案的傳播有所不同，以下我們就以印刷輸出為基礎的傳統廣告文案與網路廣告文案做比較。

**傳統文案vs網路文案的比較**

|  | 傳統廣告文案 | 網路廣告文案 |
|---|---|---|
| 載體 | 印刷輸出的型態 | 電腦或手持裝置的螢幕 |
| 呈現 | 在載體上做一次性的完全呈現 | 兩段式呈現，常以標題或圖片吸引讀者，點選後才看到內容 |

|  | 傳統廣告文案 | 網路廣告文案 |
|---|---|---|
| 互動 | 單向傳播<br>讀者的意向無法獲取 | 可與讀者互動<br>可留言評論或按讚 |
| 發布 | 流程較長<br>常須透過印刷輸出然後派送 | 流程較短<br>可隨時發布 |
| 生命週期 | 較短<br>讀者若不感興趣則隨手丟棄 | 較長<br>讀者在網站上可反覆看見 |
| 組成 | 靜態的文字或圖片 | 可為動態的多媒體效果 |

　　上述「網路廣告文案vs傳統廣告文案的比較」不難看出，網路文案有其優勢。但此比較的主要用意在於突顯網路文案的特性，並不代表網路文案優於本書其他章節所介紹的文案傳播型態。

　　其實，不同的文案傳播方式，各有其適用性。舉例而言，商業網站上的文案，自然是針對經常上網或有在網上購物習慣的族群，而該族群往往有較年輕化的特性；在報紙或雜誌上的文案，即針對有閱讀書報習慣的族群，而該族群往往有較年長的特性。透過廣播電台行銷的文案，其針對性也就很明顯地落在職業駕駛與經常性駕駛的族群上。簡單而言，不同的文案用途與不同的文案，針對族群、所要採用的文案傳播方式也就不同。

## 四、網路文案的用途

　　針對網路文案而言，其用途與其他類型文案沒有太大差異，主要還是以商業用途為主，也就是傳統文案的行銷與廣告。

### (一)商業用途

　　大多數的網路文案都是商業用途，每個網路文案都有其目的，例如產品形象的塑造、行銷、廣告。

## ㈡非商業用途

常見的是在個人的部落格或是Facebook發表自己對事物的觀點，例如藝人或名人的粉絲專頁、汽車改裝達人的部落格、美食評論家的論壇等等。

# 貳、撰寫方式

網路文案撰寫的方式與其呈現的方式有關，以下就網路文案常見的型態將其撰寫方式分為純文字與多媒體兩種。

## 一、純文字

以條列文字的方式呈現。

---

**旅遊**

- 冬戀北海道 探訪道東原始秘境
- 北海岸添「光」「彩」 泡湯遊樂趣
- 十大自行車經典路線 集集、日月...
- 視覺饗宴！全球十大3D光雕秀

截圖來源：Hinet

此類型文案的標題，特徵之一是其字數通常不多，往往在20個字以內。另一個特徵則是突顯其吸引力，無論是藉由聳動的文字或是直接以文字表現出有何優惠或贈品，都是這類純文字文案標題在撰寫上的訣竅，亦是網路文案是否成功的關鍵因素。

## 二、多媒體

### (一)以圖片與文字的橫幅廣告方式呈現

截圖來源：ET Mall

　　這類的文案型態可算是前述「純文字標題」的補強，其組成元素除了一個極富吸引力的標題外，還要有商品的圖片以及強化其吸引力的許多文字副標題。例如上圖中的限制搶購時間與價格，除了突顯其優惠價格的吸引力並藉以催促消費者趕緊進行購買。

### (二)以影音的型態呈現

教育部推動繁星計畫，目的在扶持偏...

截圖來源：Hinet

此類影音型態的文案提供了在螢幕上不習慣閱讀文字的消費者，另一種閱讀文案的選擇。一般來說，與消費者直接接觸的網路文案類型會是上述介紹的「純文字」與「圖片加文字」這兩種，而此類影音視頻文案，通常是扮演在商品詳細介紹時，補強說明的功能。在一般手持裝置（智慧手機與平板電腦）上，也較少出現此類型態的文案，主要是受螢幕大小與行動上網頻寬的限制。反觀此類以廣告為目的影音文案，則是通常出現在影音網站（例如You-tube），在使用者觀賞視頻中，或銜接兩則不同視頻的空檔中，自行出現，也因此會造成部分使用者的困擾，或甚而變成反效果。就其組成元素的特性來說，網路上的影音文案，除了影片的時間長度比電視廣告長之外，其餘跟一般電視上的廣告沒有太大差異。

## 參、寫作技巧

有關網路文案的寫作技巧與本書其他各章所提及的技巧大體上並無不同，唯一不同或更應注意的，即是在網路文案標題的撰寫上，該如何增加吸引力？或藉由一張圖片或一段動畫以吸引讀者點選進入，然後閱讀完整的文案內容。

圖片與影像往往比文字更富吸引力，更容易吸引讀者的目光。傳統文案的寫作，固然是以文字為主，然而在網路成為人們生活中的一部分後，網路上的多媒體元素——圖片、影像或動畫，已躍然成為網路文案中，除了文字以外的重要元素。甚至可以發揮「一圖勝千文」或「一影像勝千文」的效用。唯圖片與影像編製的技能實屬另一個領域，非本章內容探討的範圍。建議有興趣的讀者，可以再行參閱「圖像傳達」與「影像編導」相關領域的書籍。因此，在寫作技巧上，本節將焦點置於如何設計一則極具吸引力與高曝光率的網路文案標題。

## 一、寫好網路文案的原則

文案撰寫的目的不同，所採用的撰寫原則也就不同。

### ㈠賣關子

對於讀者感興趣的話題不直接在標題中清楚陳述，藉此引發讀者的好奇心，進而點選進入閱讀文案內容。例如在育樂新聞的標題中用XXX代替人名。這種賣關子式的文案寫法，是否算是好文案，其實是見仁見智。簡單來說，運用該原則之前，應先分析文案的屬性，例如此類受大眾較為關注的娛樂新聞就能成功吸引讀者注意。反之，假如只是單純進行商品行銷，那就未必適合運用此原則了。

截圖來源：聯合新聞網

### ㈡善用數字在標題中

將數字融入在標題中，最能吸引讀者的興趣。例如：

三天瘦身5公斤的祕訣
兩種方法讓你在一天內記住300個英文單字

在下列圖片中，直接在標題中點出四大疑問，算是將賣關子與善用數字兩個原則同時應用在標題設計中。

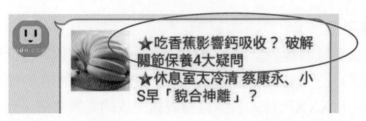

截圖來源：聯合新聞網

## ㊂善用關鍵字優化（Search Engine Optimization, SEO）

網路如同浩瀚的大海，網路文案就像是大海中的一艘小船，如何在大海中找到這艘小船就顯得十分重要。文案寫得再好，若不能有效地曝光也是枉然。追求文案的高曝光率，除了可以花錢將文案置於人氣較高的入口網站或商業網站中，另一個方法就是善用關鍵字優化的方式。一般而言，將較受歡迎的關鍵字、習慣用語或近期曝光度較高的新聞用語，融入在網路文案的標題或內容中，都能有效地提升搜尋結果排名。

## 二、網路文案常見的缺點

## ㈠沒有重點不夠具體

整個標題設計平鋪直敘、語意模糊。這項缺點主要是因為，在標題的撰寫上不夠清楚，對於主題的描述不夠具體。

### 1.範例一

(1)路跑活動將於12月底舉行　　　　應修正如(2)

(2)ABC集團將於12月25日舉辦愛心公益路跑活動

說明：具體寫出12月25日（月底）由ABC集團舉辦，而且該
　　　活動是愛心公益性質並優化企業形象。

2. **範例二**

⑴ABC進口奶粉含有多種維他命　　應修正如(2)

⑵來自紐西蘭的ABC奶粉含有一日所需的鈣與鐵

說明：具體帶出商品進口的來源，特別是對產品形象有加分
　　　的資訊，清楚指出維他命是鈣質與鐵質，並且是一日
　　　人體所需的。

## ㈡病毒式行銷

最常見的是所謂的垃圾郵件，這項缺點無關乎網路文案撰寫的
技巧，而是在於文案的傳遞方式屬於侵入性的，往往讓消費者
有被侵犯的感覺。這一類的垃圾郵件，因為讓接收者產生厭惡
感，所以對於文案本身的內容根本不會去閱讀，反而損害企業
形象以及對行銷的商品造成反效果。

## ㈢訊息彈出

這項缺點也是無關乎網路文案撰寫的技巧，這類行銷的方式，
通常是在使用者進入網站開始瀏覽特定主題的網頁時，與產品
有關的訊息視窗，便會彈出，且屏蔽整個畫面。使用者有時候
必須點按或關閉這個訊息視窗後，才能再繼續瀏覽其他網頁。
很明顯地，此類干擾使用者正常瀏覽行為的行銷方式，往往會
造成困擾。但相較於病毒式行銷，大都數使用者也多能接受，
主要是因為這種干擾式的行銷方式，通常出現在提供免費服務
的網站，例如Youtube。在使用者觀賞影片的過程，會彈出許多
廣告訊息或廣告影片，使用者必須先觀賞廣告影片，或是關閉
畫面中彈出的訊息視窗，才不至於影響正常的影片觀賞。

# 肆、範例解說

　　以下針對前一節所提到的寫作技巧，舉出有關的文案範例進行解說。

## 一、賣關子原則

截圖來源：EZ生活分享網站

　　近年來台灣興起一股喝咖啡的熱潮，一般大眾對於咖啡的喜好不亞於傳統手搖飲料。一天喝上三兩杯咖啡的，大有人在。因此，上圖標題的結尾刻意不寫出而以「……」代替，主要還是因為咖啡這個議題屬於高關注度的，所以標題中採用賣關子的手法來吸引讀者。

　　另外一種型態，則是利用一般大眾對於知名藝人的八卦生活瑣事的好奇，往往也是茶餘飯後的話題，此類文案，會以賣關子的方

式，直接在圖片上，加上類似馬賽克圖案遮蔽，待讀者點選進入瀏覽整篇文章時，同時就會看見文章周圍的商業廣告。簡單地說，即文案不直接以商品為訴求，反而是以讀者感興趣的娛樂八卦新聞，吸引大眾進入瀏覽，最後再間接看見商品廣告，達成文案行銷的目的。

## 二、善用數字於標題原則

截圖來源：ET Mall

從上圖得知，以廣告橫幅作為與消費者的首要接觸，而非以純文字作為標題。然而，在圖片式的文案中，清楚標示出折扣的數字，讓消費者一目了然，待消費者點選進入後，再清楚說明商品規格等細節。

## 三、善用關鍵字優化技巧

【更新】再傳秒退滅頂鄉民分進合擊成功了｜即時新聞 ...
www.appledaily.com.tw/realtimenews/article/new/20151210/750174/ ▼
4 天前 - 更新：新增賣場晚間最新狀況、二版影片）滅頂行動中的
「秒買秒退廢頂新」活動，今晚再度在好市多台南店發生。響應
者為避免引起店家注意且引起 ...

~~滅頂是聖戰，也別忘了對食物的尊重 - 聯合新聞網~~
~~udn.com › 評論 ▼~~
1 天前 - 由於不滿意法院一審判決頂新無罪，有民眾發起「秒買秒
退滅頂」行動，並在各地引發跟進者，以「好市多」的味全鮮奶
為攻擊目標，即買即退。消費者 ...

自由開講》滅頂：別讓你的假慈悲，成為了最可惡的善良 ... - ...
talk.ltn.com.tw/article/breakingnews/1537114 ▼
3 天前 - 蘇冠人頂新黑心油事件爆發迄今已一年兩個月，各界滅頂

截圖來源：以「滅頂」作為關鍵字的搜尋結果

　　近年來食安問題持續在台灣延燒，以「滅頂」作為關鍵字的搜尋結果發現，在排名第二的搜尋結果，是討論對於食物的尊重，而非直接討論有關滅頂的內容。由此可見，利用近期較熱門的關鍵字詞或新聞用語，能有效提升網路搜尋結果的排名，進而提高文案的曝光率。

# 伍、習題

1. 請將不同類型的文案標題改寫成網路文案標題。
　　例如將報紙上的娛樂新聞改寫成具有「賣關子」特性的標題
　　或將雜誌中介紹的養生方法改寫成具有「善用數字」特性的標題
2. 課堂活動：網路文案標題設計
　　【活動目的】：網路文案具有「兩階式呈現」的特性，因此更
　　　　　　　　　加突顯文案標題設計的重要性，如何設計出深
　　　　　　　　　具吸引力的標題，成為成功的關鍵因素。

【活動做法】：由老師提供一篇網上的生活版或娛樂版新聞內
容，由同學個人或分組設計一則有字數限制又
具吸引力的標題。最後由同學與老師投票表決
最具吸引力的前三則標題，並請同學分享其構
思過程。

## 參考書目

1. 史提夫·寇恩（Steve Cone）著，陳信宏譯：《語不驚人誓不休：快速打造你的文案凝句力》，（台北：天下雜誌，出版社，2010年3月）。

2. 克利斯多福·強森（Christopher Johnson）著，吳碩禹譯：《微寫作：短小訊息的強大影響力，文案·履歷·簡報·網路社交都好用的語言策略》，（台北：漫遊者文化出版，2012年3月）。

3. Michael Miller著，陳鴻旻譯：《致：網路世代的小編：掌握關鍵字／寫出影響力／提升文案吸睛度》，（台北：松崗資產管理出版社，2013年5月）。

4. 佐佐木圭一著，張智淵譯：《一句入魂的傳達力：掌握關鍵十個字，讓別人馬上聽你的、立刻記住你》，（台北：大是文化出版社，2014年3月）。

5. 威廉·貝瑞（William Barre）著，吳慧珍，曹嬿恆譯：《一次寫出勸敗神文案：從平面DM到臉書宣傳，這樣的廣告最推坑！》，（台北：商周文化股份有限公司，2015年4月）。

國家圖書館出版品預行編目資料

文字魔術師—文案寫作指導／汪淑珍、陳敬
介、姜明翰、蔡娉婷、朱家偉著. -- 初版. --
臺北市：五南圖書出版股份有限公司, 2016.03
　面；　公分
ISBN 978-957-11-8452-4(平裝)

1.廣告文案 2.廣告寫作

497.5　　　　　　　　　104027268

1X7H　應用文系列

# 文字魔術師—文案寫作指導

作　　者 ― 汪淑珍　陳敬介　姜明翰　蔡娉婷　朱家偉

發 行 人 ― 楊榮川

總 經 理 ― 楊士清

總 編 輯 ― 楊秀麗

副總編輯 ― 黃惠娟

責任編輯 ― 范郡庭

封面設計 ― 陳翰陞

出 版 者 ― 五南圖書出版股份有限公司

地　　址：106台北市大安區和平東路二段339號4樓

電　　話：(02)2705-5066　　傳　　真：(02)2706-6100

網　　址：https://www.wunan.com.tw

電子郵件：wunan@wunan.com.tw

劃撥帳號：01068953

戶　　名：五南圖書出版股份有限公司

法律顧問　林勝安律師事務所　林勝安律師

出版日期　2016年 3 月初版一刷
　　　　　2021年 3 月初版二刷

定　　價　新臺幣180元

# 經典永恆・名著常在

## 五十週年的獻禮——經典名著文庫

五南，五十年了，半個世紀，人生旅程的一大半，走過來了。

思索著，邁向百年的未來歷程，能為知識界、文化學術界作些什麼？

在速食文化的生態下，有什麼值得讓人雋永品味的？

歷代經典・當今名著，經過時間的洗禮，千錘百鍊，流傳至今，光芒耀人；

不僅使我們能領悟前人的智慧，同時也增深加廣我們思考的深度與視野。

我們決心投入巨資，有計畫的系統梳選，成立「經典名著文庫」，

希望收入古今中外思想性的、充滿睿智與獨見的經典、名著。

這是一項理想性的、永續性的巨大出版工程。

不在意讀者的眾寡，只考慮它的學術價值，力求完整展現先哲思想的軌跡；

為知識界開啟一片智慧之窗，營造一座百花綻放的世界文明公園，

任君遨遊、取菁吸蜜、嘉惠學子！